黄瓜病虫害综合
防治关键技术
（彩图版）

主编　李淑菊

编著　李淑菊　王惠哲　曹明明
　　　杨瑞环　邓　强

中国三峡出版传媒
中国三峡出版社

图书在版编目（CIP）数据

黄瓜病虫害综合防治关键技术（彩图版）/李淑菊编著. —北京：中国三峡出版社，2015.2

ISBN 978-7-80223-889-3

Ⅰ.①黄… Ⅱ.①李… Ⅲ.①黄瓜-病虫害防治-图谱 Ⅳ.①S436.421-64

中国版本图书馆CIP数据核字（2016）第013282号

中国三峡出版社出版发行

（北京市西城区西廊下胡同51号　100034）

电话：（010）66117828 66116228

http://www.zgsxcbs.cn

E-mail:sanxiaz@sina.com

北京市十月印刷厂印刷　新华书店经销

2017年1月第1版　2017年1月第1次印刷

开本：880×1230毫米　印张：7.375

字数：205千

ISBN 978-7-80223-889-3　定价：32.00元

前 言

黄瓜，起源于喜马拉雅山南麓的印度北部热带地区，又称胡瓜、青瓜、刺瓜、王瓜，属葫芦科、甜瓜属，一年生攀援性草本植物，是一种世界性的重要蔬菜作物。黄瓜果实鲜美，营养丰富，具有抗衰老、抗肿瘤、减肥美容、健脑安神等功效，深受广大消费者的喜爱。我国是黄瓜的次生起源中心，在自然选择和栽培驯化过程中，形成了丰富多样的黄瓜类型和品种，因而我国的种质资源在国际黄瓜品种资源中占据着重要地位。根据2012年FAO的统计，我国是世界上黄瓜栽培面积最大的国家。

近年来，随着运输业与黄瓜生产技术的不断发展与进步，以及日光温室与塑料大棚等设施的广泛应用，黄瓜已经实现周年栽培与跨区域供应，全国各地即使在寒冷的冬季也能吃到新鲜可口的黄瓜，大大促进了黄瓜产业的快速发展。但是，在黄瓜生产过程中，菜农们为了追求单位土地面积上的产量与效益，惯于进行多年重茬和连作并盲目、无节制地使用各种化肥和农药，而使黄瓜赖以生存的土地愈加疲劳与恶化，黄瓜病虫害的发生越来越频繁，病虫害的防治越来越艰难。原有病虫害变得更加严重，新病虫害也时有发生。菜农们过多地依赖各种高毒高残留的化学农药，且用药浓度不断加大，导致许多天敌被误杀，病原菌和害虫的抗药性逐代增长，已逐渐形成病虫害与农药相生相长的恶性循环局面。

病虫害既严重制约着黄瓜的产量，又影响黄瓜品质及食用安全性，给菜农造成巨大经济损失。然而，随着人们生活水平和生活质量的不断提高，对黄瓜乃至整个蔬菜产业的品质和安全性都提出了更高的要求，市场越来越青睐绿色、安全的无公害蔬菜。因此，为了给我国广大菜农及黄瓜产业人员提供鉴别和诊断黄瓜各种病虫害的方法和技术，使其了解黄瓜病虫害的种类及发生发展的规律，掌握病虫害的无公害防治技术，我们专门编写了《黄瓜病虫害综合防治关键技术（彩图版）》一书。本书详细介绍了黄瓜常见病害与虫害的典型症状、发生条件和防治措施，并配备了大量清晰、典型的症状照片，通俗易懂、实用性强。希望本书对广大菜农开展黄瓜无公害栽培生产有所帮助，为我国黄瓜产业发展提升贡献一份力量。

CONTENTS

目　录

第一篇　总　述

第二篇　病害防治

第一篇
总　述

第一章　病虫害对黄瓜生产的影响

第一节　黄瓜的种类及营养价值

一、黄瓜的种类

黄瓜分布于世界各地，栽培黄瓜在长期的自然选择、人工选择和诱变下，形成很多变种和生态型，根据分布区域及其生态学性状可以划分为6个类型：

野生型（南亚型）黄瓜：分布于东南亚各国及中国云南省。茎叶粗大，易分枝，果实大，单果重1～5千克，果短，圆筒或长圆筒形，皮色浅，瘤稀，刺黑或白色。皮厚，味淡。喜湿热，严格要求短日照。地方品种很多，如锡金黄瓜、中国西双版纳黄瓜及昭通大黄瓜等。

华南型黄瓜：分布在中国长江以南及东南亚和日本各地。植株茎蔓粗，叶片厚而大，耐湿热，为短日照性植物。果实短而粗，瘤稀，有黑刺和白刺之分。嫩果绿、绿白、黄白色，味淡；熟果黄色至黄褐色，有的有网纹。代表品种有昆明早黄瓜、广州二青、上海杨行、武汉青鱼胆、重庆大白及日本的青长、相模半白、唐山秋瓜、燕白黄瓜等。

华北型黄瓜：分布于中国黄河流域以及朝鲜、日本等地，品种最为丰富。植株长势中等，喜土壤湿润、天气晴朗的自然条件，对日照长短的反应不敏感。嫩果棍棒状，绿色，瘤密，多白刺。熟果黄白色，无网纹。代表品种有山东新泰密刺、北京大刺瓜、唐山秋瓜、北京丝瓜青等地方品种，津研系列常规品种，津杂系列、津春系列、津优系列以及部分中农系列品种等。

欧美型露地黄瓜：分布于欧洲及北美洲各地。茎叶繁茂，果实圆筒形，中等大小，瘤稀，白刺，味清淡，熟果浅黄或黄褐色，有东欧、北欧、北美等品种。

北欧型温室黄瓜：分布于英国、荷兰。茎叶繁茂，耐低温弱光，果面光滑，浅绿色，果长达50厘米以上。有英国温室黄瓜、荷兰温室黄瓜等。

小型黄瓜：分布于亚洲及欧美各地。植株较矮小，分枝性强，多花多果。代表品种有扬州长乳黄瓜等。

二、黄瓜的营养价值

黄瓜的营养价值极高，可以为人体提供各种微量元素和各种生长发育所必需的维生素等。根据营养专家的研究测定，100克黄瓜中含有水分约96.5克，蛋白质0.6～0.8克，脂肪0.2克，碳水化合物1.6～2.0克，灰分0.4～0.5克，钙15～19毫克，磷29～33毫克，铁0.2～1.1毫克，胡萝卜素0.2～0.3毫克，硫胺素0.02～0.04毫克，核黄素0.04～0.4毫克，尼克酸0.2～0.3毫克。此外，还含有维生素C、葡萄糖、鼠李糖、半乳糖、甘露糖、木米糖、果糖、咖啡酸、绿原酸、多种游离氨基酸以及挥发油、葫芦素、黄瓜酶等。研究人员根据黄瓜内部的不同结构，将其分成四个部分，即瓜皮、瓜籽、瓜肉及以上部分的混合物，每100克新鲜黄瓜中的营养素含量，由高到低的顺序为皮、籽、混合物、肉，经过烹饪后四种样品中的营养物含量由高至低的排列顺序为籽、皮、混合物、肉，其中籽最高，肉最低，而且前者是后者的7.37倍。

黄瓜不仅营养丰富，而且具有多种药用价值，黄瓜的营养及药用价值主要有以下几方面：

食疗作用：黄瓜味甘、性凉、苦、无毒，入脾、胃、大肠经，具有、利水、解毒、清热利尿的功效。

抗肿瘤：黄瓜中含有的葫芦素C具有提高人体免疫功能的作用，可达到抗肿瘤的目的。此外，该物质还可治疗慢性肝炎。

抗衰老： 老黄瓜中含有丰富的维生素E，可起到延年益寿、抗衰老的作用；黄瓜中的黄瓜酶，有很强的生物活性，能有效地促进机体的新陈代谢。用黄瓜捣汁涂擦皮肤，有润肤、舒展皱纹的功效。

防酒精中毒： 黄瓜中所含的丙氨酸、精氨酸和谷氨酰胺对肝脏病人，特别是对酒精肝硬化患者有一定辅助治疗作用，可防酒精中毒。

降血糖： 黄瓜中所含的葡萄糖甙、果糖等不参与通常的糖代谢，故糖尿病人以黄瓜代替淀粉类食物充饥，血糖非但不会升高，甚至会降低。

减肥强体： 黄瓜中所含的丙醇二酸，可抑制糖类物质转变为脂肪。此外，黄瓜中的纤维素对促进人体肠道内腐败物质的排除，以及降低胆固醇有一定作用，能强身健体。

健脑安神： 黄瓜含有丰富的B族维生素，对改善大脑和神经系统功能有利，能安神定志，辅助治疗失眠症。

因此，黄瓜适宜热病、肥胖、高血压、高血脂、水肿、癌症患者及嗜酒者多食，并且是糖尿病人首选的食品之一。

此外，黄瓜籽粉是民间接骨壮骨及补钙的最佳秘方，对骨质疏松、腿脚抽筋、风湿病、关节炎、颈椎病及肝、胃、脾、肺等脏器的疾病有恢复治疗和保健的功能，并能调节人体脏器间的互动，可促进人体细胞的再生，调节经络，营养大脑、小脑，使人增强记忆力，调节身体的协调与平衡。

第二节　病虫害对黄瓜生产的影响

突发的或新出现的病虫害一旦流行，往往由于缺乏防治经验而使人猝不及防，从而造成巨大损失，理应受到重视。而经常发生的或增长缓慢的病虫害如果不及时、科学、合理地防治，也会酿成巨大的损失。病虫害对黄瓜所造成的经济损失包括直接的、间接的、当时的、后继的等多种不同形式，要对病虫害所造成的全部损失都搞清楚是不可能的，因为它造成的间接影响和后继影响，不仅影响当茬黄瓜，也影响下茬生产；不仅影响黄瓜生产，还影响人们生活的环境和社会，具有一系列非常错综复杂的反应。一般所指的损失是指降低产量和影响品质。

一、降低产量

病虫害造成黄瓜的减产，主要有以下三种方式：①病虫害对黄瓜直接作用。②病虫害对黄瓜的生理过程发生影响。③病虫害对黄瓜产量形成的因素发生影响。如灰霉病、细菌性角斑病等直接破坏黄瓜果实；蔓枯病、枯萎病等茎秆部病害影响黄瓜植株营养、水分的传导；叶部病害如霜霉病、白粉病、褐斑病、斑潜蝇等破坏黄瓜叶片，剥夺黄瓜叶片有机物，加剧水分的丧失。各种病虫害均以不同方式降低黄瓜产量，从而造成经济损失。

二、影响品质

病虫害对黄瓜品质的影响同样也具有以上几种方式。如黑星病、病毒病感染瓜条，使瓜条商品性降低；蚜虫分泌大量蜜露于瓜条和叶片，影响瓜条商品性和叶片光合作用并招致霉菌寄生；一些叶部病虫害（褐斑病、白粉病、斑潜蝇、白粉虱等），或根部病虫害（根腐病、枯萎病、蛴螬、蝼蛄等）对黄瓜生长、营养元素吸收、光合作用造成影响，从而影响黄瓜果实中维生素C、可溶性糖、可溶性蛋白、硝酸盐、可溶性固形物、矿物质的含量，损害黄瓜的口感风味。研究表明，斑潜蝇幼虫为害后，黄瓜叶片中可溶性糖、可溶性蛋白质和叶绿素的含量随着为害程度的增强而显著降低，单宁和黄酮的含量随着为害程度的增强而显著上升，并且具有系统性影响，导致寄主植物营养物质含量下降、光合作用降低，而次生代谢物质含量上升。各种病虫害都以不同方式影响黄瓜品质，而最终引起经济损失。

第二章　黄瓜主要病虫害种类及其防治综合措施

第一节　主要病害及其防治综合措施

一、黄瓜主要病害种类

植物在生长发育和贮藏运输过程中，由于遭受其他生物的侵染或不利非生物因素的影响，使其生长发育受到阻碍，导致产量降低、品质变劣甚至死亡的现象，称为植物病害。黄瓜病害按不同的分类方法可分为以下几种。

根据致病因素的性质分：侵染性病害和非侵染性病害。侵染性病害由生物学病原引起，有传染性，有病征，即病害有一个发生发展或传染的过程，在特定的品种或环境条件下，病害轻重不一。非侵染性病害由非生物性病原引起，无传染性，无病征。

根据病原生物的种类分：真菌病害、卵菌病害、细菌病害、病毒病害、线虫以及寄生性种子植物引致的病害等。

根据病原物的传播途径分：气传病害、土传病害、水传病害、种传病害以及虫传病害等。

根据表现的症状类型分：花叶病、斑点病、溃疡病、腐烂病、枯萎病、疫病、癌肿病等。

根据植物的发病部位分：根部病害、叶部病害、茎秆病害、花器病害和果实病害等。

根据病害流行特点分：单年流行病害、积年流行病害。

根据病原物生活史分：单循环病害、多循环病害。

按照发病器官类别分：叶部病害、果实病害、根部病害等。

二、无公害防治综合措施

黄瓜病害防治的基本原则是“预防为主，综合防治”。防治病害的主要目的是保持较高的和稳定的黄瓜产量和产值，把病害控制在不致造成经济危害的水平上，盲目的防治不仅不能达到预期的效益而且还会造成额外的费用和环境污染。无公害黄瓜是指黄瓜生产过程中不受有害物质的污染，黄瓜果实中不含有毒物质，或其残留量控制在国家或联合国粮农组织（FAO）或世界卫生组织（WHO）规定的残留极限之内，即农药、硝酸盐等有害物质不超标。从广义上讲，无公害黄瓜应该是集安全、优质、营养为一体的黄瓜的总称。对于无公害黄瓜的生产、流通、销售，并不是一概排斥农药、化肥及其他化工产品的应用，但必须对使用的品种、剂量、时期、方法等各方面加以规范与控制，使其对生态环境的污染和破坏降低到最小程度，这样既可以相对保持较好的生态环境，为可持续发展黄瓜生产创造有利条件，也保护了人类自身，获得显著的生态效益。

病害无公害防治的主要内容是从农业生产全局和农业生态系统的总体出发，根据有害生物和环境之间的相互关系，以预防为主，充分发挥自然控制因素的作用，因地制宜地协调应用必要的措施，将有害生物控制在经济受害允许水平之下，以获得最佳的经济、生态和社会效益。

（一）农业技术防治措施

农业防治的含义很广，除了植物检疫和植物病害的化学防治、物理防治和生物防治外，其他的防治措施都可以作为农业防治的范围。农业防治又称环境管理 (management of the physical environment) 或栽培防治 (cultural control)，主要包括抗病品种的利用、生产管理、耕作制度和栽培技术方面与植物病害防治有关的措施。农业防治是最经济、最基本和历史最悠久的措施，也大都是一些预防性的措施，但往往受地域等条件的限制，有时单独使用收效较慢，效果较差。农业防治作用就是在全面分析寄主植物、病原物和环境因素三者相互关系的基础上，运用各种农业调控措施，控制病原物、提高寄主抗性以及恶化发病环境。具体措施有：利用抗病品种、培育无病种苗、改进种植制度（轮作等）、搞好田园卫生、改进耕作制度和栽培方法、加强栽培管理等。

（二）物理防治

物理防治就是利用热力、辐射、光照、气体、表面活性剂、膜性物质及外科手术等抑制、钝化或杀死病原物、防治病害的措施。物理防治一般不污染环境，多数操作简便、成本低、效果好，但有时受条件限制。此法一般用于处理种子、苗木、其他植物繁殖材料和土壤，辐射则用于处理食品、药品和贮藏期农产品。具体方法有：①汰除。就是把有病的种子、苗木等及与其混杂在一起的病原物清除。②热力处理。利用高温或低温杀死或抑制病原物。③辐射处理。用一定剂量的射线抑制或杀死病原物。主要用于储藏的水果、蔬菜和一些药物的灭菌，利用射线的穿透性杀死潜藏的病原物。④覆膜性物质。用膜性物质覆盖地面，可截断土壤中病原物的传播途径。

（三）高效低毒农药防治

所谓无公害农药就是指用药量少，防治效果好，对人畜及各种有益生物毒性小或无毒，要求在外界环境中易于分解，不造成对环境及农产品污染的高效、低毒、低残留农药。农药防治是当前防治黄瓜病害的重要措施，对一些突发性病害，是一种应急措施。

第二节　黄瓜主要虫害种类及其防治综合措施

一、主要虫害种类

为害黄瓜的害虫主要是昆虫和螨类，种类多、分布广、繁殖快、数量大，除直接造成黄瓜的严重损失外，还是传播黄瓜病毒的媒介。昆虫属节肢动物门昆虫纲，其主要特征为：身体左右对称，具有外骨骼的躯壳，体躯分节，由一系列坚硬的体节组成，分为头部、胸部和腹部 3 个明显的体段。其中头部着生有口器和 1 对触角、1 对复眼，胸部一般有 2 对翅、3 对足，腹部大多由 9～11 个体节组成，末端有外生殖器，有的还有 1 对尾须。从卵中孵出来的昆虫，在生长发育过程中，通常要经过一系列显著的内部及外部体态上的变化，才能转变为性成熟的成虫，这种体态上的改变称为变态。为害黄瓜的昆虫大多属于有翅亚纲的直翅目（口器咀嚼式）、同翅目、缨翅目（通称蓟马）、鞘翅目（通称甲虫）、鳞翅目（通称蛾或蝶）。螨类属节肢动物门蛛形纲蜱螨目，其主要特征是：体躯分头胸部和腹部两个体段，无触角，无翅，具分节的足 4 对，以肺叶或气管呼吸。为害黄瓜的螨类，主要属于蜱螨目的叶螨科、走螨科、叶瘿螨科。

二、无公害防治综合措施

黄瓜害虫是以黄瓜为中心的农业生态系统的一个组成部分，其发生、为害情况受气候因素、土壤因素、食料和其他生物因素的影响。

防治原则：坚持“预防为主、综合防治”的基本原则，以栽培防治为基础，加强预测预报，因地、因时协调采用不同措施，优先使用生物防治，协调利用物理防治，科学合理地应用化学防治技术，既要把蔬菜害虫的损失控制在经济阈值以下，又要使农药残留符合标准，达到安全、有效、经济、简便地控制害虫为害的目的。虫害防治主要有以下一些途径。

（一）农业技术防治措施

控制田间的生物群落，减少害虫的种类与数量，是害虫防治的关键性措施，其内容包括消灭或减少虫源，恶化害虫发生、为害的环境条件，及时采取措施抑制害虫大量发生等。控制作物易受虫害的生育期，使其与害虫盛发期错开。

（二）生态防治措施

生态防治对保护地黄瓜尤为重要。影响虫害发生的主要因素是温度、湿度、虫源、品种抗虫性及栽培措施等，生态防治就是通过以上生态因素的调控，减少化学农药用量，消除污染残留，从而使人们食用更安全，且害虫得到控制。通风直接影响棚内的温、湿度，通过温度、湿度双因子或单因子控制，使害虫不能正常繁殖，或杀灭害虫。

（三）物理防治措施

根据害虫对某些物理因素的反应规律，利用物理因子防治害虫。

①利用晒种、温汤浸种等高温处理种子，杀灭或减少种子传播的害虫；利用太阳能提高棚室温度，高温闷棚抑制害虫。利用冬季低温冷冻等措施，杀灭越冬的害虫。

②使用黑光灯、高压汞灯、双波灯诱杀虫害；使用防虫网防虫等。

③利用趋避性进行防治：使用黄板或白板诱杀虫害；铺盖银灰膜驱蚜；用糖醋液诱集夜蛾科害虫。

（四）生物防治措施

所谓害虫生物防治，就是利用生物及其产物控制有害生物的方法。生物防治具有不污染环境，对人畜安全，能避免或延缓害虫产生抗药性，对害虫种群具有经常性、持久性的控制作用等优点，可以保证黄瓜安全食用，而且不污染环境，能保持生态平衡，符合有害生物可持续治理的要求。害虫生物防治措施包括天敌昆虫的利用，病原微生物的利用，昆虫性信息素的利用，植物源杀虫剂的利用等。

天敌通过取食或寄生，使害虫数量减少，对环境没有污染，有益于生态系统的稳定，并减少对黄瓜的危害。

病原微生物农药包括细菌、病毒、真菌、线虫、原生动物。病原微生物农药具有应用范围广，毒力持久，使用方便和对人畜、植物无害等优点。

昆虫性信息素是一类由性成熟的雌性或雄性昆虫分泌释放的，能引诱同种异性个体进行交配的化学物质。目前，人工合成多种昆虫性信息素的类似物即性引诱剂，为害虫测报和防治开辟了新的途径和方法，具有一定的发展潜力。

植物源杀虫剂是利用某些植物体内的特殊生理活性物质来对害虫产生忌避、拒食、引诱或毒杀作用的一类杀虫剂，具有对人畜安全、害虫不易产生抗药性、在自然环境中易于降解等特点，包括生物碱、甙类、单宁、精油、树脂、毒性蛋白、脂类、酮类等化合物。

（五）高效低毒农药防治

科学合理地应用化学防治技术，采用高效、低毒、低残留的新农药，对症下药，适期防治。

①禁止使用高毒、高残留农药及其混配剂，严格控制使用植物生长调节剂。

②加强害虫测报，掌握田间害虫情况，针对害虫种类，了解农药性质，做到对症下药，选择关键时期进行防治。

③其他低毒、低残留农药的使用，不得随意增加使用浓度和次数。提倡在蔬菜上推广使用生物农药和抗生素制剂防治蔬菜害虫。

④掌握正确的施药技术。正确掌握用药量，在生产中使用农药必须根据说明书提供的用量，不可以随意增减。交替使用多种药剂，避免长期使用单一农药，延缓害虫抗药性的产生。

高效低毒农药包括：①生物源农药。指直接利用生物活体或生物代谢过程中产生的具有生物活性的物质或从生物提取的物质作为防治病、虫、草害和其他有害生物的农药。具体可分为植物源农药、动物源农药和微生物源农药。如 Bt、除虫菊素、烟碱、大蒜素、性信息素、阿维菌素、芸苔素内脂、除螨素、生物碱等。②矿物源农药（无机农药）。指有效成分起源于矿物的无机化合物的总称。主要有硫制剂、磷化物。③有机合成农药。限于毒性较小、残留低、使用安全的有机合成农药。推荐经过多年应用证明使用安全的菊酯类杀虫剂及部分中、低毒性的有机磷、硫类杀虫剂。

第二篇
病害防治

第三章　真菌、卵菌病害

真菌、卵菌是一类异养、真核、具有细胞壁、能分泌胞外酶、吸收式的生物。其引起的病害必然具备以下两个特征:（1）一定有病斑存在于植株的各个部位。病斑形状有圆形、椭圆形、多角形、轮纹状或不规则形；主要症状类型有坏死、腐烂和萎蔫。（2）病斑上一定有不同颜色的霉状物、粉状物和颗粒状物等病征，颜色有白、黑、红、灰、褐等。如黄瓜白粉病，叶上病斑有白色粉状物；黄瓜灰霉病受害叶片、残花及果实上有灰色霉状物。由真菌、卵菌引起的黄瓜病害是黄瓜病害的主要类别。

第一节　黄瓜霜霉病

一、概述

黄瓜霜霉病俗称“跑马干”、“黑毛病”、“火龙”、“干叶子”等，是一种世界性病害，是黄瓜栽培中发生最为普遍的病害之一，无论是保护地还是露地黄瓜均有发生，危害严重。在适宜发病条件下，流行速度很快，使黄瓜减产高达30%～50%，甚至刚结瓜就严重枯死，不得不提前拉秧。

病原为古巴假霜霉菌（*Pseudoperonospora cubensis* (Berk. et Curt.) Rostov.)，是专性寄生菌，只能在活体植株上寄生，不能人工培养。根据菌物最新分类系统该菌应属卵菌门（Oomycota）、卵菌纲（Oomycetes）、霜霉目（Peronosporales）、霜霉科（Peronosporaceae）、霜霉属（*Peronospora*）。菌丝体无色，无隔膜，在寄主细胞间扩散蔓延，以卵形或指状分枝的吸器伸入寄主细胞内吸收养分。无性繁殖产生孢囊梗和孢子囊，孢囊梗从寄主叶片的气孔伸出，单生或2～5根束生，无色，主干基部膨大，上部呈3～5次锐角分枝，分枝末端着生一孢子囊。孢子囊卵形、椭圆形或柠檬形，先端有乳头状突起，成熟时易脱落，灰褐色，单孢，大小18.1～41.6微米 ×14.5～27.2微米。

温度对孢子囊的萌发方式有影响，在22℃以上时孢子囊可以直接萌发长出芽管侵入寄主，在22℃以下时孢子囊萌发时产生游动孢子再萌发进行侵染。游动孢子无色，圆形或卵形，有2根鞭毛，在水中游动一段时间后在气孔上休止成为休止孢，休止孢直接萌发产生芽管，从寄主气孔侵入叶内，并在气孔下方形成气孔下囊，气孔下囊产生侵染菌丝，进而形成吸器伸入寄主细胞内吸取营养，侵染菌丝不断扩展、分枝形成菌落。

有报道称此菌有性阶段偶尔能产生有性孢子——卵孢子，并通过试验证明黄瓜霜霉病菌是以在秋冬季枯老病叶上形成卵孢子的形式在病残体及病田土壤中越冬，成为第二年的初侵染源。国外报道，病菌存在不同的专化型或生理小种；但我国有的学者提出我国的黄瓜霜霉病菌不存在生理分化现象。病菌除侵染黄瓜外，还可以侵染多种葫芦科作物，如甜瓜、南瓜、丝瓜、冬瓜、苦瓜等也可受害。

黄瓜品种对霜霉病的抗病表现差异显著，抗病品种的应用是病害防治最经济有效的措施。

二、表现症状

黄瓜霜霉病从苗期到成株期均可发病，主要为害叶片。子叶受害，正面产生不规则形褪绿枯黄斑，病斑直径0.2～0.5厘米，潮湿时病斑背面产生灰褐色、灰黑色霉状物，严重时子叶变黄干枯。成株期发病通常从下部叶片开始发生，侵入时逐渐向上扩展，通常都是多个叶片同时发病，由此造成的损失也相当严重。发病初期，早晨或潮湿时叶片背部可见水浸状小点，为病菌的侵染点，叶正面

图 3-1-1 霜霉病初期症状

图 3-1-2 霜霉病抗病类型病斑

图 3-1-3 霜霉病感病品种症状

图 3-1-4 霜霉病叶正反面

没有可见症状，此时是病害防治的最佳时期。随着病斑的扩展，叶面病斑呈黄绿色，叶背面形成多角形水浸状病斑，湿度大时叶背面长出灰黑色霉层；后期病斑黄褐色，干枯，组织死亡。田间发生严重时，多个叶片同时发病，病斑多且大，湿度大时叶片平展，湿度变小时病叶干枯上卷。

黄瓜霜霉病的症状依品种的抗性及温湿度条件变化很大，抗病品种病斑近圆形，而非典型的角斑症状，病斑小，叶背面霉层少，而感病品种病斑大，霉层厚。田间菌量大，侵染点多，病斑多，侵染后发病条件不合适时，病斑的扩展受影响，形成大量黄色小型角斑；温湿度条件合适时病斑扩展速度快，遇突然晴天或湿度下降，病斑呈现绿色干枯，叶片上卷，而且没有典型的霉层出现。

图 3-1-5 霜霉病小型病斑株

图 3-1-6 霜霉病急性发生症状

图 3-1-7 霜霉病田间发病株

三、发生规律

初侵染来源：病菌主要以孢子囊侵染，也有报道称病菌在病叶中形成的卵孢子可以造成侵染。在南方或北方温室等周年种植黄瓜的地区，病菌在活体病叶上越冬和越夏。冬天不种黄瓜的地区，霜霉病的侵染主要靠季风将邻近地区的孢子囊吹来。

发病条件：孢子囊在适宜的温湿度条件下萌发侵入，为害叶片，以后在寄主组织中发育、扩展，产生孢囊梗从气孔伸出，并产生孢子囊，靠气流传播，造成多次再侵染。病菌孢子囊在 15～

20℃，相对湿度85%以上才大量产生。孢子囊的萌发侵入需要在水中完成，因此病害发生的程度与温度及结露时间有关。在15～25℃温度条件下，叶面结露6～12小时，病菌可以完成侵入，有研究表明只要保持2小时的高湿环境，病菌就能完成侵染。15～16℃潜育期5天，17～18℃潜育期4天，20～25℃潜育期3天。田间始发期均温15～16℃，流行气温20～24℃，低于15℃或高于30℃发病受抑制。棚温达45℃，持续2小时病菌即可死亡。多阴雨、少光照以及地势低洼、浇水过多过勤、种植过密、通风不良、肥料不足都有利于该病的发生和流行。

四、防治措施

1. 选用抗病品种

黄瓜品种间对霜霉病的抗性存在显著差异，目前主栽品种对霜霉病的抗性表现为：越冬一大茬栽培的温室品种对霜霉病的抗性不理想，而露地品种的抗性相对较强。生产上主栽的抗病品种有津春4号、津春5号、津优1号、津优4号、津优10号、津优12号、津优40号、津优48号、津优401号、津优407号、津优408号、津优409号、中农8号、中农20号、中农118号、京研207号等。

2. 栽培措施防病

合理密植。栽培密度大，田间通风透光不好，易造成病菌繁殖及适合病菌侵染的环境，植物长势弱，导致病害发生和流行。保护地栽培密度应小于3000株每亩（667平方米），露地栽培应小于4000株每亩。

清除底叶。保持黄瓜功能叶15～20片，清除下部老叶、病叶，利于通风透光，降低田间菌量。

控制田间湿度。保护地栽培可以采用高垄栽培、地膜覆盖、膜下灌水等方式，降低田间湿度，有条件的地方可以采取滴管的方法。浇水后注意通风排湿，降低田间湿度，减少叶面结露的时间。

合理施肥。施足底肥，一般每亩施腐熟有机肥8～10吨，结瓜期追施复合肥，磷酸氢二铵等随水施用。定期在叶面喷施0.1%

磷酸二氢钾可提高植株的抗病能力。

3. 物理防治

高温闷棚是黄瓜霜霉病防治的有效措施之一，在晴天中午，将大棚密闭，使棚内温度上升至42～45℃，持续2小时，以瓜秧顶部嫩叶开始出现萎蔫为准；到时后迅速通风降温，视病害程度高温闷棚2～3次，每次处理要间隔7～10天。处理时，要严格控制温度，低于42℃效果不好，高于45℃，植株容易受伤。

4. 高效低毒农药防治

当夜温低于25℃时，清晨叶片结露2小时以上时注意霜霉病的预防。特别注意阴雨天及浇水前进行预防。病害发生后及时采取措施进行防治，以药剂喷施为主，杀灭叶片表面及组织内部的病菌。以烟雾剂防治为辅，杀灭棚室空气中的病原，两种方法交替使用，可提高防病效果和效率。注意喷药方法，喷药时要均匀周到，叶子正、背面均匀喷洒，重点是病叶的叶背霉层。此外对上部健康的叶片进行喷药保护。

黄瓜霜霉病的预防：

①烟雾剂熏棚：45%百菌清烟剂200～250克每亩，分放在棚内4～5处，用香或卷烟等暗火点燃，发烟时闭棚，熏一夜，次晨通风，每隔7天熏1次，防治效果可达94.4%～100%。

②喷施粉尘：每亩用5%百菌清粉剂1千克，每隔7天喷1次，共喷5～7次，防治效果可达99%～100%。粉尘喷施会造成粉尘在叶面的沉积，影响光合作用，建议在阴雨天或浇水后田间湿度过大时使用。

③喷施水剂：75%百菌清可湿性粉剂600～800倍液，70%代森锰锌500倍液，40%乙膦铝可湿性粉剂200倍液，7天一次。

病害防治：常用药剂有72%杜邦克露可湿性粉剂600～750倍液，68.75%银法利600～800倍液，50%烯酰吗啉可湿性粉剂1500倍液，50%霜脲氰可湿性粉剂2000倍液，25%抑快净水分散剂1500倍液，25%甲霜灵可湿性粉剂600倍液，64%杀毒矾超微可湿性粉剂1000倍液，7天一次，连续3～5次。有连续使用甲霜灵和杀毒矾产生抗药性的报道，生产中注意药剂的交替使用，避免抗药性的产生。

第二节 黄瓜白粉病

一、概述

黄瓜白粉病，俗称“白毛”，又叫“白霉病”，是一种广泛发生的世界性病害。在我国各地均有分布，而且一年四季均可发病。该病主要通过气流传播，具有潜育期短、侵染频繁、流行性强等特点，若防治不及时或措施不当，往往造成黄瓜叶片光合作用功能下降，使黄瓜早衰，对产量影响很大，一般年份减产 10% 左右，流行年份减产可达 40%。

病原为单丝壳白粉菌（*Sphaerot*heca *fuliginea* (Schlecht) Poll.），异名称瓜类单丝壳菌（*Sphaerotheca cucurbitae* (Jacz.) Z. Y. Zhao），属子囊菌亚门（Ascomycotina）、白粉菌目（Erysiphales）、单丝壳属（*Sphaerotheca*）。该菌也属专性寄生菌，只能在活体植株上寄生，不能人工培养。分生孢子梗由菌丝形成，与菌丝垂直生长，没有分枝，顶端逐渐分化形成分生孢子。分生孢子串生，椭圆形至长圆形，无色，单胞，胞内线粒体明显。大小 30.2～39.5 微米 ×7.38～22.12 微米。闭囊壳球形，褐色，无孔口，直径 67.5～122.4 微米，表面有多条菌丝状的附属丝。壳内生有一个倒梨形子囊，子囊无色，大小 66～118.5 微米 ×50～74.26 微米，子囊内有 8 个椭圆形子囊孢子。子囊孢子椭圆形，单胞，无色或淡黄色，大小 21.7～29.7 微米 ×12.4～19.8 微米。病菌除侵染黄瓜外，还可侵染其他许多种植物。

此外，黄瓜上有二孢白粉菌（*Erysiphe cichoracearum* DC.= E. *Cucurbitacearum* Zheng & Chen）引起的白粉病，分生孢子串生，短圆柱形，看不到线粒体。该病菌还可危害西葫芦、南瓜、甜瓜、西瓜、冬瓜、苦瓜、丝瓜、番茄、茄子、蚕豆、豌豆、白菜、莴苣等蔬菜作物，月季等花卉及草莓、葡萄等果类。在我国未见该病菌引起黄瓜白粉病的报道。

二、表现症状

黄瓜白粉病一般在生育后期植株生长势弱时发病，保护地栽培连茬种植，有病菌存在时可造成幼苗染病。白粉病除危害叶片外，叶柄和茎均可发病，一般不危害果实。

图 3-2-1 白粉病发病叶柄

图 3-2-2 白粉病病茎

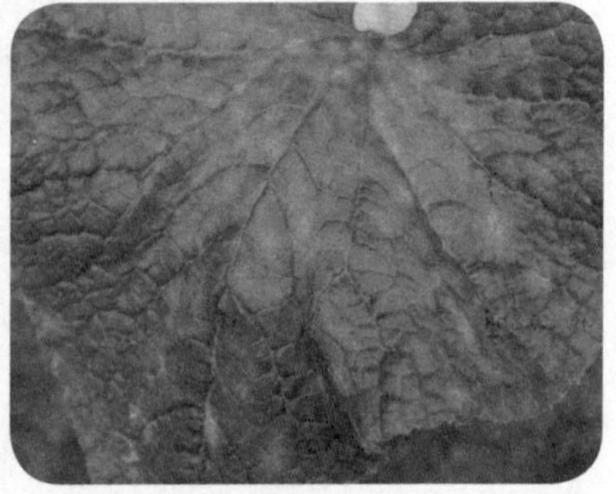

图 3-2-3 白粉病抗病类型病斑

苗期子叶染病，初期未见任何症状，直到叶面上形成可见白色菌丝或圆形菌落时，才会引起注意。后期菌落突出叶面，呈白色粉状，病斑处叶色变黄，严重时病斑连片，整个子叶布满白粉，最后叶片枯萎。苗期下胚轴染病，形成圆形白色菌落。

成株期真叶发病初期，叶片正面或背面产生白色近圆形的小粉斑，以叶面居多，而后向四周逐渐扩大发展成圆形病斑，病斑表面生有白色粉状霉层，为病菌的无性世代——分生孢子梗及分生孢子。后期病斑扩展连片，白粉布满整个叶片，病斑叶面褪绿。白色霉斑因菌丝老熟变为灰色，病叶枯黄，失去光合作用能力，可造成整个叶片萎蔫，一般不落叶。植株生育后期有时病斑上长出成堆的黄褐色小粒点，后变黑，为病菌的有性世代——闭囊壳，闭囊壳在枯死的叶片上成熟，呈暗褐色。白粉病侵染叶柄和茎部后，症状与叶片上的相似，病斑较小，粉状物也少。白粉病在抗、感病材料上的症状表现也有明显不同：抗病材料病部菌丝稀疏，不形成明显的菌落，子实层薄，病斑少；感病材料病部菌落明显，子实层厚，病斑多且容易愈合成大病斑。

图 3-2-4 白粉病感病类型病斑

图 3-2-5 白粉病田间表现

三、发生规律

初侵染来源：在周年种植黄瓜的地区病菌以菌丝或分生孢子在寄主上越冬或越夏，北方地区病菌以闭囊壳随病残体在地上或花房月季花或保护地瓜类作物上越冬，南方地区以菌丝体或分生孢子在寄主上越冬或越夏，翌年条件适宜时分生孢子萌发，借助气流或雨水传播，成为初侵染源。

发病条件：菌丝体产生分生孢子以及闭囊壳并释放子囊孢子，靠气流进行传播，孢子在黄瓜叶面上萌发，产生芽管和附着孢，由表皮直接侵入后产生吸器和菌丝，在组织内外扩展，每天可长出3～5根菌丝，5天后产生白色菌丝，7天病菌成熟并产生分生孢子，借气流传播造成再侵染。该病的发生对环境条件要求不严格，因此只要有病原菌存在，一般栽培条件下白粉病均可发生。最适宜发病温度为16～25℃，相对湿度80%以上，此时孢子萌发，开始发病。当高温干燥与高温高湿交替出现时，容易流行；相对湿度超过90%或叶片上有水滴存在时，病原菌发生发展受抑制，主要原因是分生孢子大量吸水后，孢子体内造成膨压过大易引起破裂死亡。光照不足，氮肥施用过多或缺肥，栽植密度过大，通风不好，都会加重病害发生。

四、防治措施

1. 选用抗病品种：津春4号、津春5号、津优1号、津优4号、津优10号、津优12号、津优40号、津优48号、津优401号、津优407号、津优408号、津优409号、中农8号、中农16号、中农21号、中农26号、中农118号、京研207号等。

2. 加强栽培及肥水管理：施足底肥，增施磷、钾肥，及时追肥，生长期避免偏施氮肥，提高植株的抗病力。叶面定期喷施0.1%磷酸二氢钾可提高植株抗病能力。

3. 药剂防治

定植前进行棚室消毒：可采用每100平方米用250克硫磺加500克锯末混匀，点燃熏一夜。

可在发病前或初发时用45%百菌清烟剂200～250克熏棚。黄瓜生长过程中遇到连续阴雨、持续干旱等天气，在夜间凌晨1–5时，使用硫磺蒸发器熏蒸硫磺，连续熏蒸3次。

黄瓜白粉病的预防：可选用的保护剂有各种硫制剂，如50%硫悬浮剂500倍液，75%百菌清600倍液；可用的内吸性杀菌剂有

50% 多菌灵可湿性粉剂 600～800 倍液，10% 苯醚甲环唑水分散粒剂 1000～1500 倍液，50% 甲基托布津可湿性粉剂 1000 倍液加施阿拉丁磷酸二氢钾。

黄瓜白粉病的防治：使用以上内吸性杀菌剂，连续 3～4 次，间隔期一般为 7～10 天。对瓜类比较敏感的药剂主要有三唑酮、福星。三唑酮对白粉病的防治效果很好，但不能在黄瓜上使用。因为三唑酮会严重抑制黄瓜的生长，使用后 1 个月之内黄瓜生长特别缓慢，直接影响其经济效益，使用时要慎重。

病菌存在抗药性问题，药剂应交替使用。

第三节　黄瓜枯萎病

一、概述

黄瓜枯萎病又称“萎蔫病”、“蔓割病”、“毁棵病”、“死秧病”，是分布较广、危害较重、防治较困难的一种世界性典型土传病害。此病害是黄瓜连作种植的主要障碍，短期连作发病率在 5%～10%，长期连作发病率达 30% 以上，重则引起大面积死秧，一片枯黄；造成减产一般为 10%～30%，严重时可达 80%～90%。

病原为尖镰孢菌黄瓜专化型（*Fusarium oxysporum* (Schl.) f. Sp. *Cucumerium* Owen. ），属半知菌亚门（Deuteromycotina）、丛梗孢目（Moniliales）、镰孢霉属（*Fusarium*）。分生孢子有大型分生孢子及小型分生孢子两种。

大型分生孢子梭形或镰刀形，无色透明，两端渐尖，顶细胞圆锥形，有时微呈钩状，基部倒圆锥截形或有足胞。具横隔 0～3 个或 1～3 个。大小：一个隔膜的为 12.5～32.5 微米 ×3.75～6.25 微米，两个隔膜的为 21.25～32.5 微米 ×5.0～7.5 微米，三个隔膜的为 27.5～45.0 微米 ×5.5～10.0 微米。

小型分生孢子多生于气生菌丝中，椭圆形至近梭形或卵形，无色透明，大小 7.5～20.0 微米 ×2.5～5.0 微米。在 PDA 培养基上气生菌丝呈绒毛状，黄色至淡紫色；米饭培养基上，菌丝绒毛状，银白色；绿豆培养基上菌丝稀疏，银白至淡黄色。此菌国际上有 3 个生理小种，我国枯萎病菌与国际上报道的小种不同，定为生理小种 IV。

黄瓜枯萎病病菌喜温暖潮湿的环境，最适宜的发育和侵染条件为：温度 24～28℃，最高 34℃，最低 4℃；pH 值 4.5～6.0；土壤含水量 20%～40%，病症表现盛期为黄瓜开花坐果期。发病潜育期 10～25 天，气温在 35℃以上可以抑制病害的发生。

病菌寄主范围：病菌除危害黄瓜外还可危害西瓜、甜瓜、丝瓜、葫芦、苦瓜等。

二、表现症状

苗期及成株均可染病，主要危害黄瓜的根、茎部。幼苗发病时可以表现不同的症状：子叶部分或全部黄化；幼苗僵化，子叶暗绿色，无光泽；子叶出现黄褐色圆形或不规则形病斑；有时病斑产生在子叶近基部，造成幼苗不同程度的畸形，下胚轴出现沿维管束方向的条形褐色病斑；茎基部变黄褐，子叶萎蔫下垂，根茎部腐烂；严重时烂籽或整株枯死。成株期一般在开花结果后陆续发病，发病初期，植株下部叶片或植株的一侧叶片发黄，逐渐向上发展；茎部一侧和节间出现褪绿色条形病斑；发病中期，中午叶片萎蔫下垂，似缺水状，早晚可以恢复，茎部病斑不断扩展，病斑长度可以达到几十厘米，并不断将茎部包围，常有黄色胶状物流出，湿度大时茎部病斑处产生白色或粉红色霉层，为病菌的分生孢子梗和分生孢子。发病后期叶片由下向上全部萎蔫，茎部缢缩，纵裂，内部病菌堵塞维管束，同时分泌毒素使植株中毒死亡。纵切病茎，可见维管束有黄褐色条斑。发病后期病菌可侵入种瓜，致其腐烂，甚至使种子带菌。

图 3-3-1 枯萎病幼苗黄化、萎蔫

图 3-3-2 枯萎病病苗矮化

图 3-3-3 枯萎病病苗叶腋处病斑

图 3-3-4 枯萎病病茎初期

图 3-3-5 枯萎病病茎中、后期

图 3-3-6 枯萎病田间抗性差异

三、发生规律

初侵染来源：黄瓜枯萎病病菌主要以菌丝体、厚垣孢子或菌核随寄主病残体在土壤中和未腐熟的带菌有机肥中越冬，也能附着在种子和棚架上越冬，成为翌年初侵染源。病菌生命力很强，在土壤中可存活5年以上。因此土壤中病原菌的多少是病害发生程度的决定因素，也是病害的主要侵染来源。病菌可潜伏在种子内，是该病远距离传播的主要途径，近年来随着黄瓜种苗产业的发展，种苗带菌是造成病害传播的主要途径之一。田间近距离传播可通过带菌的土壤、肥料、灌溉水、流水、昆虫、农具等。

发病条件：病菌从黄瓜根部和茎部的伤口、自然裂口或根毛顶端细胞间隙侵入，通过木质部进入维管束，在导管内发育，危害维管束周围组织，由下向上发展，堵塞导管并产生毒素，干扰新陈代谢，导致植株萎蔫枯死。枯萎病的发生是连作发病重，连作的年限越长发病越严重。土温15℃潜育期15天，20℃ 9～10天，25～30℃ 4～6天。酸性土壤不利于黄瓜的生长，而有利于病菌的活动，pH值为4.5～6.0的土壤，枯萎病发生严重。当日平均温度达到20℃时，田间开始出现病株；日平均温度上升到24～28℃时，发病最为严重；低于24℃或高于28℃，发病均减轻。在气温20～30℃、阴雨连绵、日照不足或时晴时雨、田间湿度大等情况下，病菌更易侵入，容易迅速扩展流行。特别是久雨忽晴、寒潮侵入后造成作物抵抗力减弱，病害最易暴发流行。天气连续晴朗干燥、湿度低，病害则会受抑制。地势低洼，土质黏重，肥力不足，通透性差的田块发病重。土壤中有线虫时，会降低黄瓜植株抗病能力，并会造成伤口，有利于枯萎病病菌的侵入。

四、防治措施

1. 选用抗病品种：津春4号、津春5号、津优1号、津优3号、津优4号、津优30号、津优10号、津优12号、津优38号、津优40号、津优48号、津优303号、津优401号、津优407号、津优408号、津优409号、中农8号、中农18号、中农31号、中农116号等。

2. 种子消毒：用60%多菌灵盐酸盐超微粉加“平平加”渗透剂1000倍液浸种1～2小时，或用50%多菌灵可湿性粉剂500倍液浸种1小时，或40%福尔马林150倍液浸种1.5小时，清水洗净后，再催芽、播种。采用种子包衣或55℃温水浸种30分钟消毒。

3. 选用无病土育苗：采用营养钵或塑料套分苗。改传统的土方育苗为营养钵或自制的塑料套分苗，便于培育壮苗，定植时不伤根，定植后缓苗快，增强寄主抗病性。

4. 高温闷棚：夏季5～6月份，拉秧后深耕、灌水，地面铺旧塑料布并压实，使土表温度达60～70℃，5～10厘米土温达40～50℃，保持10～15天，有良好杀菌效果。

5. 合理轮作：与非瓜类作物施行5年以上轮作，有条件的实行水旱轮作效果更好，苗床地使用2～3年也应改换，以直接减少田间病菌来源。

6. 嫁接防病：利用南瓜对尖镰孢菌黄瓜专化型免疫的特点，选择云南黑籽南瓜或南砧1号作砧木，先播黄瓜，播后5天再播南瓜。定植时埋土深度掌握在接口之下，以确保防效。

7. 加强栽培管理：大力推广高畦地膜栽培，施用充分腐熟的有机肥，控制氮肥施用量，增施磷钾肥或三元素复合肥。拔除病株于田外烧毁，病株穴内撒多菌灵等药剂消毒。结瓜前应控制浇水，以促进根系生长，结瓜期适当多浇水、多追肥，后期还需控制浇水，做到小水勤浇，避免大水漫灌；适当多中耕，提高土壤透气性，使根系茁壮，增强抗病力；减少伤口。

8. 药剂防治

土壤消毒。发现有轻微发病的连茬黄瓜，在播种或定植前用70%甲基托布津可湿性粉剂或50%多菌灵可湿性粉剂等药剂，以1∶100比例配成药土，按每亩1～2千克的量用药，撒施于育苗床或定植沟内，再播种或定植。

定植后定期灌药预防。可选用10%多抗霉素可湿性粉剂600倍液，70% 敌克松可湿性粉剂 1000 倍液，2 种农药要合理交替使用，每株浇灌药液 0.25 千克，用药间隔期为 7～10 天，连续用药 2～3 次。

发病后应加大防治力度，用药剂灌根。常用药剂有 50% 多菌灵可湿性粉剂 500 倍液，70% 甲基托布津可湿性粉剂 1000 倍液，2% 农抗 120 水剂 200 倍液，0.3% 硫酸铜溶液，50% 福美双可湿性粉剂 500 倍液加 96% 硫酸铜 1000 倍液，50% 氯溴异氰尿酸可溶性粉剂 1200 倍液，10% 双效灵水剂 200～300 倍液，高锰酸钾 800～1500 倍液，60% 琥・乙磷铝可湿性粉剂 350 倍液，20% 甲基立枯磷乳油 1000 倍液，70% 敌克松可湿性粉剂 1000～1500 倍液等。药剂每株 0.25 千克，5～7 天 1 次，连灌 2～3 次，灌根时加 0.2% 磷酸二氢钾效果更好。也可用 30% 恶霉灵水剂 1500～1800 倍液，6% 春雷霉素可湿性粉剂 200～300 倍液，70% 恶霉灵可湿性粉剂 2000～2500 倍液，“瑞代合剂”（1 份瑞毒霉，2 份代森锰锌拌匀）140 倍液，喷雾。另外，用 70% 敌克松可湿性粉剂 10 克，加面粉 20 克，对水调成糊状，涂抹病茎，可防止病茎开裂。

发现病株应及时拔除，并用上述药物进行穴中消毒，控制土壤传播。

第四节　黄瓜棒孢叶斑病

一、概述

黄瓜棒孢叶斑病又称“靶斑病”、“褐斑病”、“黄点子病”，1906 年欧洲首次报道该病，20 世纪 60 年代戚佩坤报道了该病在我国黄瓜上的寄生危害，因发生面积小，未引起重视。20 世纪 90 年代在辽宁省瓦房店市大面积连年严重为害，成为当地保护地的主要病害。近年来该病已遍及全国，保护地、露地都有发生，且不断加重，成为威胁黄瓜生产的最主要病害之一。北方地区以春、秋及越冬保护地栽培发生普遍，南方则以春、秋露地发生较多。一般病田叶发病率为 10%～25%，严重时可达 60%～70%，甚至 100%。

病原为多主棒孢菌（*Corynespora cassiicola*(Berk.& Curt.) Wei.），又叫山扁豆棒孢，属丝孢目（Hyphomycetales)、棒孢属(*Corynespora* Güssow）。菌丝体分枝，无色到淡褐色，具隔膜。分生孢子梗多由菌丝衍生而来，分生孢子梗细长，多单生，少数 3～5 根丛生，不分枝，有隔膜 1～7 个，黄褐色，大小 90～320 微米 ×5.75～12 微米。分生孢子梗顶端生分生孢子，圆柱形、倒棍棒形、线形或 Y 形，单生或串生，直立或稍弯，基部膨大、较平，顶部钝圆，壁厚，半透明至浅橄榄色，成熟后棕褐色，假隔膜分隔，分生孢子大小为 40～220 微米 ×9～22 微米。

在 PDA 培养基上，菌落灰色至浅棕色，培养基表面大多形成毡毛状的菌丝层。棒孢菌的显微特征主要表现在两个方面：一是分生孢子梗由成熟的菌丝体衍化而来，菌丝体内具有多个隔膜，分生孢子梗顶端产孢痕处以层出梗的形式延伸；二是分生孢子以层出梗顶端细胞孔生式产生，圆柱形或倒棍棒形，具有多个假隔膜，顶部钝圆，基部平截。

该菌生长适温为 30℃左右，产孢适温为 25℃，分生孢子萌发适温为 30℃。孢子形成和萌发需要高湿。光照能促进菌丝的生长。病菌生长和孢子萌发的适宜 pH 值为 5～6，但对孢子的产生有抑制作用。有研究表明，多主棒孢菌在酸性条件下产孢较多，而在偏碱的条件下不易产孢；光照和紫外线照射等可促进产孢，也有研究认为黑暗有利于产孢。

PDA 培养基上菌落有明显的 3 种类型，其中Ⅰ型菌株菌落黑褐色，边缘浅绿，菌丝生长旺盛，产孢量较少；Ⅱ型菌株菌落黑色，粉末状，可大量产孢；Ⅲ型菌株菌落浅灰色或灰白色，菌丝疏松，基物浅粉色，产孢量极少。

病菌菌丝在 10～35℃均能生长，最适温度为 30℃左右。分生孢子产生的温度范围 20～35℃，以 25℃左右产孢量最大。光暗交替利于产孢。分生孢子在 10～35℃均可萌发，20～30℃最适，同时要求 90% 以上的相对湿度，在水滴中萌发效率最高。分生孢子

55℃ 10 分钟可致死。

该病原菌寄主范围十分广泛，可侵染葫芦科、茄科、十字花科、豆科、橡胶等 380 个属内的 530 多种植物，但难侵染芹菜、水萝卜、烟草、苦瓜等。目前黄瓜主栽品种抗病表现差异明显，同一品种在不同地区抗性表现有差异，说明该病菌存在分化现象。

二、表现症状

主要为害叶片，严重时蔓延至叶柄、茎蔓。叶片正、背面均可受害，高温高湿条件下，病菌可侵染黄瓜果实，造成果实开裂、流胶，黏状物黄色，为分生孢子和分生孢子梗。该病在 10～35℃均可发病，最适发病温度为 20～30℃。

受品种抗性及环境条件的影响，该病害的发病症状有多种类型，病斑直径 3～5 毫米至 20～30 毫米。

叶片上的病斑可分为大型斑、小型斑和角形斑 3 种类型。

大型斑：高温高湿下植株长势旺盛，品种不抗病，田间菌量小，多产生大型斑。发病初期为圆形褪绿的小斑点，病斑迅速扩展形成近圆形病斑，褪绿色，直径 2～5 毫米，中央灰白色。后期病斑直径可达 20～30 毫米，边缘青枯状明显，湿度大时，背面产生灰褐色霉状物菌丝、分生孢子梗及分生孢子。该症状易与黄瓜炭疽病混淆。

小型斑：低温低湿、品种较抗病、田间菌量相对较少，不利于病斑扩展，多产生小型斑。病斑初期为褪绿的近圆形，病斑直径 1～5 毫米，之后病斑变黄褐色，俗称“小黄点”。当田间菌量大，品种抗性差时，每片叶子有几十个甚至上百个小斑点，遇条件适宜病斑扩展连片，造成叶片快速萎蔫上卷，通常多个叶片同时发病，严重时病部以上枯死。给黄瓜生产造成较大损失的多属此种类型。湿度大时病部产生稀疏灰褐色霉状物。

角形斑：病斑呈多角形，病健交界处明显，直径小于 5 毫米，扩大后受叶脉限制，稍向叶背凹陷，后期病部产生灰褐色霉状物。该症状易与黄瓜霜霉病混淆，被菜农称为“假霜霉”、“小霜霉”等，还易与细菌性角斑病混淆。

与细菌性角斑病的区别：棒孢叶斑病病斑，叶两面色泽相近，湿度大时上生灰褐色霉状物；而细菌性角斑病，叶背面有白色菌脓形成的白痕，清晰可辨，病斑边缘油浸状，两面均无霉层。

与霜霉病的区别：棒孢叶斑病多角形病斑一般较小，病斑扩展不受叶脉的限制，呈现不规则的角斑，病斑向下凹陷，中间黄白色，边缘黄褐色。病健交界处明显，叶片背面霉层稀疏；而霜霉病叶片正面褪绿、发黄，病健交界处不清晰，病斑很平，受叶脉限制为多角形，湿度大时，叶片背面有明显灰色霉层。

图 3-4-1 棒孢叶斑病小型斑

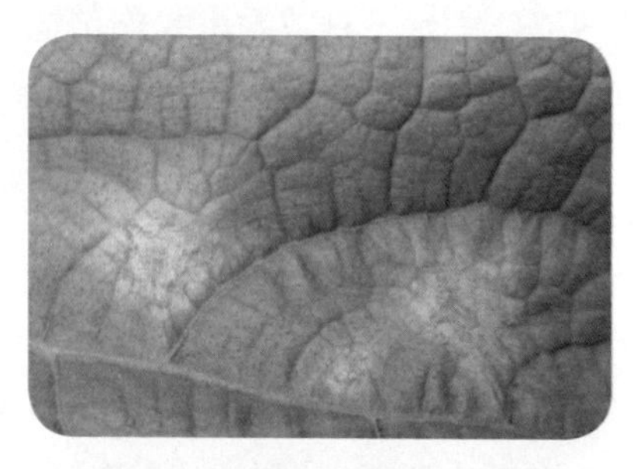

图 3-4-2 棒孢叶斑病大型斑

图 3-4-3 棒孢叶斑病角形斑

图 3-4-4 棒孢叶斑病田间发病症状

与炭疽病的区别：两种病病斑均为近圆形。棒孢叶斑病在湿度大、扩展快时形成病斑，褪绿色，病部枯死但不腐烂。黄瓜炭疽病斑通常较大，为黄褐色至红褐色近圆形，边缘有黄色晕圈，湿度大时病部产生粉红色黏稠物，炭疽病急性发生时也出现褪绿色大型病斑，病斑腐烂并造成穿孔。

三、发生规律

初侵染来源：病菌主要以菌丝体、厚垣孢子或分生孢子随病残体、杂草在土壤中或其他植物上越冬，其存活力极强，在病残体上至少可存活2年。此外，病菌还可产生厚垣孢子及菌核，渡过不良环境。休眠菌丝可以附着于种子表皮或内部，成为下茬黄瓜的初侵染源。种子带菌可实现病害的长距离传播，导致病害大面积地流行。也可在种表附着状态下存活6个月以上，翌年产出分生孢子借气流、雨水飞溅或农事操作传播。

发病条件：分生孢子萌发产生芽管，既可从表皮和叶脉直接侵入，也可通过气孔、伤口或直接穿透表皮侵入。老叶更有利于病原菌的侵染。病菌侵入后潜育期一般5～7天，发病适温20～30℃，相对湿度90%以上，孢子在水滴中萌发率最高。高温、高湿有利于该病的流行和蔓延，25～28℃及饱和湿度条件下发病重，叶面结露、光照不足、昼夜温差大都会加重病害的发生。通风透光条件差时发生严重。另外，过量施用氮肥，造成植株徒长或多年连作，均有利于发病。多雨、滴水灌溉等均有利于病害的发生和流行。

四、防治措施

1. 选用抗病品种：津春5号、津优3号、津优35号、津优38号、津优118号、津优301号、津优303号、津优307号、津优308号、中农5号等。

2. 种子消毒：可采用温汤浸种的办法。种子用常温水浸种15分钟后，转入55~60℃热水中浸种10～15分钟，并不断搅拌，然后让水温降至30℃，继续浸种3至4小时，捞起沥干后催芽，可有效消除种内病菌。或用75%百菌清可湿性粉剂500倍液浸种1小时，清水洗净后，再催芽、播种。

3. 无病土育苗，同黄瓜枯萎病。

4. 轮作倒茬：应与非寄主作物进行 3 年以上轮作。

5. 加强栽培管理：高垄栽培，实行起垄定植，地膜覆盖栽培。通过适时通风换气降低温度和湿度，采用膜下灌水和施肥减少结露机会，减少水分蒸发。要小水勤灌，避免大水漫灌，注意通风排湿，增加光照。合理密植，搞好棚内温湿度管理，注意放风排湿，改善通风透气性能；合理施肥，增施磷、钾、硼肥。及时清除底部老叶、病蔓、病叶、病株，并带出田外烧毁，减少初侵染源。

6. 生物防治：蓖麻籽水提物、拮抗细菌、哈茨木霉对黄瓜棒孢叶斑病菌具有不同程度的抑制作用。有研究表明，用炭疽病预先接种黄瓜可以诱导其产生对棒孢叶斑病的抗性。

7. 棚室消毒：上茬黄瓜拉秧后，及时清除病残体，用硫磺熏蒸消毒，以减少初侵染源。

8. 高效低毒农药防治

早期防护，及时施药是关键。可选用 25% 咪鲜胺乳油 1500 倍液，75% 百菌清可湿性粉剂 500 倍液，10% 苯醚甲环唑水分散粒剂 1000～1500 倍液，70% 代森锰锌可湿性粉剂 500 倍液，50% 福美双可湿性粉剂 500 倍液，25% 嘧菌酯悬浮剂 1500 倍液，40% 腈菌唑乳油 3000 倍液，40% 嘧霉胺悬浮剂 1500 倍液，80% 乙蒜素乳油 3000 倍液喷雾防治，连续喷药 3～4 次，间隔 5～7 天。国外已有病菌抗药性的报道，化学防治时注意轮换交替用药。在喷施药液中加入适量的叶面肥效果更好。保护地可用 45% 百菌清烟剂熏烟，每亩 250 克。

第五节　黄瓜黑星病

一、概述

黄瓜黑星病俗称“流胶病”，也叫“疮痂病”。黄瓜黑星病是一种检疫性和毁灭性病害，在欧洲、北美、东南亚等地严重危害黄瓜生产。黄瓜黑星病在露地和棚室中都可流行，病株率可达90%以上，减产70%以上，严重时全株枯死、绝产。瓜条受害失去商品价值。1991年被定为检疫性病害。由于主栽品种不抗病，对病害的识别、认识不足，以及防治措施、用药不对等原因，造成严重损失。近年来黄瓜黑星病得到了有效遏制，目前在我国北方保护地零星发生，由于我国华北型黄瓜抗病资源缺乏，黑星病对黄瓜生产存在潜在的威胁。

黄瓜黑星病病原为瓜疮痂枝孢霉（*Cladosporium cucumerinum* Ell.et Arthur.），菌丝灰绿色，具分隔。分生孢子梗由菌丝分化而成，单生或丛生，直立，淡褐色，细长，丛生形成合轴分枝，分生孢子串生，卵圆形、柠檬形或不规则形，褐色或橄榄绿色，单生或串生，单胞或双胞，少数三胞，大小11.5～17.8微米×4～5微米。分生孢子与分生孢子梗间的细胞往往可脱落萌发而生菌丝，较孢子略大，一至多细胞。

病菌在2～35℃温度范围内均可生长，以20～22℃最为适宜。病菌在温度15～22℃、湿度93%以上容易产生分生孢子，高于26℃不产孢。分生孢子在5～30℃均可萌发，适温15～25℃，萌发必须有水滴。病菌除侵染黄瓜外，还可侵染西葫芦、笋竹、南瓜、甜瓜、冬瓜等。

二、表现症状

黄瓜的整个生育期均可发病，叶、茎、瓜均可受害。主要为害黄瓜幼嫩部位，可造成"秃桩"、畸形瓜等，组织一旦成熟，可以抵抗病菌的侵入。

幼苗发病子叶产生黄白色近圆形斑点，幼苗停止生长，严重时心叶枯萎，全株死亡。叶片发病，开始为污绿色近圆形斑点，直径1～2毫米，淡黄褐色，后期病斑扩大，易星状开裂穿孔。

成株期嫩茎、叶柄、瓜蔓及瓜柄染病，初见水渍状暗绿色至浅紫色梭形斑或不规则形的条斑，后变暗色，中间凹陷龟裂，病部可见到白色分泌物，后变成琥珀色胶状物，病部表面粗糙，严重时从病部折断，湿度大时长出灰绿色或灰黑色霉层。生长点受害，龙头变成黄白色，并流胶，可在 2～3 天烂掉形成秃桩，严重时近生长点处多处受害，造成节间变短，茎及叶片畸形。卷须受害，病部形成梭形病斑，黑灰色，卷须往往从病部烂掉。叶脉受害后变褐色、坏死，使叶片皱缩畸形。

瓜条被害，因环境条件不同而表现症状不同。病菌侵染幼瓜后，条件适宜时，病菌在组织内扩展，病部凹陷开裂并有胶状物溢出，后变成琥珀色，干结后易脱落，生长受到抑制，其他部位照常生长，造成弯瓜等畸形瓜，湿度大时可见灰色霉层，瓜条一般不烂。病菌侵染后，温湿度条件不适宜时病菌暂且在组织内潜伏，瓜条可以进行正常生长，待幼瓜长大后，即使环境条件适合黑星病的发生，也不会造成畸形瓜，只是病斑处褪绿、凹陷，病部呈星状开裂并伴有流胶现象，湿度大时，病部产生黑色霉层。

黄瓜黑星病在抗、感病材料叶片上的症状表现有本质的不同；抗病材料在侵染点处形成黄色小点，组织似木栓化，病斑不扩展；在感病材料上则形成较大枯斑，条件适宜时病斑扩展。黄瓜黑星病存在阶段抗性，感病材料在组织幼嫩时表现感病，组织成熟后则表现抗病。

图 3-5-5　黑星病病株

黄瓜黑星病与细菌性角斑病的主要区别是细菌性角斑病叶上的病斑是多角形、受叶脉限制，叶脉不受害，病叶不扭曲，病斑后期穿孔而不是星状开裂，瓜条被害溢出菌脓不变琥珀色，病瓜湿腐。

三、发生规律

初侵染来源：主要以菌丝体随病残体在土壤中或者附着在架材上越冬，也可以分生孢子附着在种子表面或以菌丝在种皮内越冬，越冬后土壤中的菌丝在适宜条件下产生出分生孢子，借风雨、气流、农事操作等在田间传播，成为初侵染源。黄瓜种子各部位均可带菌，以种皮居多，带菌率最高可达37.76%。种子带菌是该病远距离传播的主要原因，播种带菌种子，病菌可直接侵染幼苗。

发病条件：该病菌在93%以上的相对湿度和20℃左右的最适宜温度时，较易产生分生孢子，萌发后，长出芽管，从植物叶片、果实、茎蔓的表皮直接侵入，也可从气孔和伤口侵入，引起发病。该病属于低温、高湿病害，最适温度为18～22℃，日均温低于10℃或高于25℃发病减轻，高于30℃不发病。条件适宜时潜育期为3～6天，病害发生严重，湿度大时病部可产生分生孢子，借气流传播，进行多次再侵染。孢子萌发时，要求植株叶面结露有水膜或水滴存在。该病主要以大棚、温室黄瓜上发生为害较重，种植密度大、光照少、通风不良、棚室内大灌水、重茬地、肥料少等管理不当发病重。

四、防治措施

1. 选用抗病品种。品种之间对黄瓜黑星病的抗性存在明显差异，天津科润黄瓜研究所培育的保护地品种津优38、津优36、津春1号、津春3号、中农9号高抗黑星病兼抗细菌性角斑病等多种病害，可在黑星病多发区推广使用。露地可选用津春1号、津春3号、中农11号、中农95号、农大14号等高抗黑星病品种。

2. 要做好检疫工作，选用无病种子。尤其是在种子调运中，不要从疫区进种。

3. 种子消毒。55～60℃的温水浸种 15 分钟，或 50% 多菌灵可湿性粉剂 500 倍液、47% 加瑞农可湿性粉剂 500 倍液浸种 30 分钟后洗净再催芽。直播时可用种子重量 0.3% 的 50% 多菌灵可湿性粉剂拌种，可获得较好的防治效果。

4. 培育无病壮苗。用无病新土育苗，进行床土消毒。可用 50% 的多菌灵可湿性粉剂或 50% 福美双可湿性粉剂或 40% 拌种双或 25% 的甲霜灵可湿性粉剂，按每平方米苗床面积用 4～5 克，掺细土 4～5 千克拌匀。施药土时先要浇足底水，水渗下后将 1/3 的药土撒施于苗床表面，剩下的 2/3 药土撒施于播种后的种子上面。还可采用 1000 倍 30% 恶霉灵水剂，或 3000～5000 倍 99% 恶霉灵药液细致喷洒苗床，或用 58% 甲霜灵锰锌或 50% 多菌灵可湿性粉剂 20 克掺加苗床土 10 千克，1/3 药土撒苗床，播种后 2/3 药土做覆土用，防治土壤病菌传染。要注意畦面表土保持湿润，撒药土要均匀，以免发生药害。

5. 栽培措施防病。保护地栽培，采取地膜覆盖栽培，采用放风排湿、控制灌水等措施降低棚内湿度，白天温度控制在 28～32℃左右，夜间在 15℃左右，相对湿度要控制在 60% 以下。减少叶面结露，抑制病菌萌发和侵入。清除架材上的有病卷须，病田收获后，彻底清除病残体，并深埋或烧毁。

6. 药剂防治。防治重点是及时，一旦发现中心病株要及时拔除，及时喷药防治，如果错过防治的最佳时机，病害得到进一步蔓延，就会给防治带来困难。

土壤消毒：播种或定植前用 50% 多菌灵可湿性粉剂或 50% 甲基托布津可湿性粉剂每亩 1 千克，混入细土 30 千克，混匀后均匀撒入播种或定植沟（穴）内，然后播种或定植。

发病前用 10% 百菌清烟剂预防，每亩用药剂 250～300 克，根据天气情况，每隔 7～10 天施药 1 次，连施 3 次。如果发病后开始熏烟，则效果差。

发病初期可使用 25% 嘧菌酯悬浮剂 1500 倍液，50% 多菌灵可湿性粉剂 500 倍液，70% 甲基托布津可湿性粉剂 1000 倍液，10% 苯醚甲环唑水分散粒剂 1000 倍液，40% 福星乳油 8000 倍液，50% 退菌特可湿性粉剂 500～1000 倍液，50% 苯菌灵可湿性粉剂 1000 倍液进行叶面喷雾，隔 7～10 天 1 次，连喷 3～4 次。

第六节　黄瓜灰霉病

一、概述

黄瓜灰霉病俗称“化瓜”、“鼠尾瓜”，是保护地生产中的重要病害，发生极其普遍。尤其近年来，随着日光温室、塑料大棚、地膜覆盖等保护措施的改进，黄瓜种植面积不断扩大，加之茬次增多，为黄瓜灰霉病的滋生蔓延创造了适宜条件，一旦发病，不能及时防治，就会造成严重损失。目前 70%～80% 的保护地中均有发生，发病轻时减产 10%，严重时减产在 30% 以上。

黄瓜灰霉病主要通过开败的雌花侵染，进而侵染有关部位，可造成化瓜、烂头，使瓜条失去商品性，严重时只好提前拉秧。开败的花落在叶片、茎、叶柄等部位，造成发病。

黄瓜灰霉病病原为灰葡萄孢菌（*Botrytis cinerea* Pers.ex Fr.），有性世代为富克尔核盘菌（*Sclerotinia fuckeliana* (de Bary) Fuckel）。病菌孢子梗褐色，数根丛生，顶端具 1～2 次分枝，分枝顶端密生小柄，其上着生大量分生孢子。分生孢子圆形至椭圆形，单孢、近无色，大小 5.5～16 微米 ×5.0～9.25 微米。

病菌发育最适宜温度为 18～23℃，最低 4℃，最高 32℃。病菌腐生性强，除侵染黄瓜外，还侵染番茄、茄子、辣椒、甘蓝、菜豆、莴苣、韭菜、大葱等多种蔬菜作物。目前还没有抗黄瓜灰霉病品种。

二、表现症状

可以危害叶片、茎、花和果实，主要危害花器与果实。病菌多从开败的雌花开始侵入，花瓣受害后易枯萎、腐烂，长出灰褐色霉层，而后向幼瓜蔓延。花和幼瓜蒂部初呈水浸状，病部褪色，表面变为淡灰色，有流胶，湿度大时病部生有灰褐色霉层，为病菌的分生孢子梗及分生孢子，病瓜腐烂或脱落。幼瓜受病菌侵染后，如遇条件不合适或采取药剂防治措施，病情发展受到抑制，瓜条继续生长，条件适合时再次发病，造成大瓜或商品瓜烂头，失去商品价值。

图 3-6-1　灰霉病幼瓜

图 3-6-2 灰霉病病瓜

图 3-6-3　灰霉病病叶

烂花、烂瓜（滴的水）落在或附着在茎叶上，引起茎叶发病。

叶片发病，病斑初为水渍状，后为浅褐色，形成直径 20～50 毫米大型病斑，近圆形或不规则形，有轮纹，边缘明显，后干枯，表面生少量灰霉，湿度大时病部有浅灰色菌丝生成，有时菌丝集结成团。茎部被害，造成茎部数节腐烂，茎蔓拍断，整株死亡。被害部可见到灰褐色的霉状物。

三、发生规律

初侵染来源：病菌主要以菌丝及分生孢子附着在病残体上或以菌核在土壤中越冬或越夏，分生孢子可在病残体上存活 4～5 个月。越冬分生孢子和菌丝体、菌核产生新的分生孢子，借气流传播，成为第 2 年的初侵染源。

发病条件：分生孢子以及越冬菌核萌发产生的子囊孢子，从开败的雌花开始侵染花、果、叶，在温湿度条件适宜时均可产生大量的分生孢子，靠气流、水溅和农事操作可造成多次再侵染。黄瓜灰霉病属低温高湿病害，该病发生的适宜温度为 20℃左右，低于 15℃或高于 25℃病害发生减轻，低于 8℃、高于 30℃很难发病。遇到阴雨天气，光照不足，棚内温度低 (20℃左右)，相对湿度 90% 以上，结露时间长，多水滴，病害很快蔓延、流行。若温度高于 30℃，相对湿度在 90% 以下，病害停止蔓延。苗期、花期易感病，分生孢子在适温和有水滴条件下，萌发出芽管从寄主伤口及衰老、枯死的组织侵入。萎蔫的花瓣、较老的叶片最易感病。

四、防治措施

1. 温汤或药剂浸种：55～60℃恒温浸种 15 分钟，或 50% 多菌灵可湿性粉剂 500 倍液浸种 20 分钟后冲净再催芽，或用 0.3% 的 50% 多菌灵可湿性粉剂拌种，均可取得良好的杀菌效果。

2. 清洁田园：收获后期彻底清除病株残体，土壤深翻 20 厘米以上，将土表遗留的病残体翻入底层，喷施土壤消毒剂加新高脂膜对土壤进行消毒处理，减少棚内初侵染源。地膜覆盖栽培：棚室内条件合适时，残存在土壤中的菌核会产生子囊盘，释放大量的子囊孢子，地膜覆盖可以减少田间子囊孢子的数量。及时摘除病花、病瓜和病叶，带出棚室外深埋或烧毁，减少再侵染的病源。

3. 生态防治：采用高畦覆盖地膜或滴灌栽培法，适当控制浇水，适时晚放风，提高棚温至 33℃，降低湿度，减少棚顶或叶片结露以及叶缘吐水，可以减少病菌侵染的机会。加强通风散湿管理，采用透光性好无滴膜扣棚。清除棚内薄膜表面尘土，增强光照，及时放风。在温度不超过 30℃时，通过提高棚温来排湿以及中耕散湿，加快表土蒸发，降低棚湿，均可减轻病害发生。总之，要做好提温、通风、排湿、摘花、打叶等多项措施，防治黄瓜灰霉病，以达到少施农药、降低残留、经济高效的目标。

若发病较重，可以进行高温闷棚。先浇水，后闷棚，浇水后第 2 天中午棚温上升高达 45℃时不要通风，使棚温维持 45℃达 2 小时后再慢慢放风，棚温降到 25℃时再闭棚。这样每 10 天左右选晴天高温闷棚 1 次，连闷 2～3 次，可有效地控制病害发生。

4. 药剂防治

黄瓜灰霉病预防：主要以烟雾剂熏棚为主，10% 速可灵烟剂每亩 200～250 克或 45% 百菌清烟剂每亩 250 克，熏 3～4 小时。

发病后药剂防治：黄瓜灰霉病主要从花侵入，因此防治的重点是花，生产上采用药剂沾花取得了很好的效果。发病严重时茎叶也会染病，喷药时注意防治。黄瓜灰霉病菌容易产生抗药性，注意药剂的交替使用。喷药防治与烟雾剂熏蒸交替使用，效果更佳。可选用嘧菌环胺水分散粒剂 2500～4000 倍液，50% 速克灵可湿性粉剂 1500 倍液，50% 多霉灵可湿性粉剂 800 倍液，80% 代森锌 800～1000 倍液，50% 农利灵水分散剂 1000 倍液，40% 施佳乐悬浮剂 800 倍液，50% 凯泽水分散粒剂 1500 倍液，云大 50% 灰即定可湿性粉剂 1000 倍液，50% 异菌脲 1000 倍液，50% 福美双可湿性粉剂 600 倍液，75% 百菌清 600 倍液，50% 多菌灵可湿性粉剂 500 倍液，70% 甲基托布津 1000 倍液。任选 1 种，7～10 天 1 次，连续进行 3～4 次。施药避开高温时间段，最佳施药温度为 20～30℃。

如果遇阴雨天，不宜喷雾，可选用烟剂熏烟的方法，省工省时效果好，还可降低大棚内的湿度。10% 速克灵烟剂每亩 200 克，多菌灵烟剂每亩 500 克，或百菌清烟剂每亩 500 克，根据大棚面积，按照上述用量施放，一般在落日后将烟剂放置 5 个点，点燃后封闭门窗，次日早晨开窗放烟。每隔 7～10 天施放 1 次，连续薰 2～3 次，可取得良好的防治效果。

第七节　黄瓜炭疽病

一、概述

瓜类炭疽病是瓜类作物生产中的重要病害之一，全国各地均有发生。发病时常造成幼苗猝倒，成株茎叶枯死，瓜果腐烂，危害严重。

病原为葫芦科刺盘孢（*Colletotrichum orbiculare*(Berk. & Mont.) Arx），属炭疽菌属（*Colletotrichum*）。分生孢子盘聚生，初埋生，红褐色，后突破表皮呈黑褐色，刚毛散生于分生孢子盘中，暗褐色，顶端色淡、略尖，基部膨大，长 90～120 微米，具 2～3 个横隔。分生孢子梗无色，圆桶状，单胞，大小 20～25 微米 ×2.5～3.0 微米，分生孢子短棍棒形或长圆形，单胞，无色，大小 14～20 微米 ×5.0～6.0 微米。分生孢子萌发产生 1～2 根芽管，顶端着生附着孢，附着孢暗色，近圆形，椭圆形至不整齐形，壁厚，大小 5.5～8 微米 ×5～5.5 微米。病菌生长温度 10～30℃，适温 24℃，8℃以下或 30℃以上停止生长。分生孢子在 4～30℃间均可萌发，萌发适温 22～27℃。病菌还可危害西瓜、丝瓜、番茄、茄子、辣椒、菠菜、大葱、白菜、甘蓝、萝卜等多种作物。

黄瓜品种间对炭疽病抗性差异显著。

二、表现症状

黄瓜苗期到成株期均可发病，主要危害叶片、茎、叶柄和果实。幼苗发病，多在子叶边缘出现半圆形淡褐色病斑，稍凹陷，上生橙黄色点状胶质物，即病原菌的分生孢子盘和分生孢子。幼苗近地面茎基部发病，病部凹陷、缢缩，黄褐色，逐渐细缩，致幼苗折倒。

成株期主要为害叶片、近成熟的果实，也为害茎蔓。叶片受害，初期产生灰白色水渍状小点，后扩大成近圆形或不规则形病斑，大小不等，淡褐色。病斑周围有时有黄色晕圈，有时病斑微具同心轮纹。发生严重时病斑叶片上的病斑连续成片，形成不规则大病斑，病斑上轮生黑色小点，为病菌分生孢子器。潮湿时叶面生出粉红色黏稠物溢出。干燥时，病斑中部易破裂穿孔，叶片干枯死亡。急性发生时，病斑大，近圆形，褪绿色，病部腐烂，穿孔，多发于新叶。

茎蔓受害，病斑长圆形，略凹陷，先呈黄色水浸状，后变灰色或深褐色。当病斑绕茎一周，即引起植株枯死。

嫩瓜不易感病，病害多发生在大瓜或种瓜上。瓜条发病时，初呈水渍状，扩大后为黄褐色近圆形或椭圆形病斑，稍凹陷，病部长出小黑点，高温高湿时病部生粉红色黏稠物，在干燥情况下病部后期开裂露出果肉，在种瓜贮藏期发生较为严重。

茎部受害，在节处产生不规则黄色或褐色病斑，略凹陷，有时流胶，严重时从病部折断。

叶柄染病，产生黄褐色长条形病斑，稍凹陷，初呈水浸状，淡黄色，以后变成深褐色。病斑环茎或叶柄一圈时，病斑以上部分即枯死。

图 3-7-1 炭疽病发病初期

图 3-7-2 炭疽病发病中期

图 3-7-3 炭疽病发病后期

图 3-7-4 炭疽病病茎

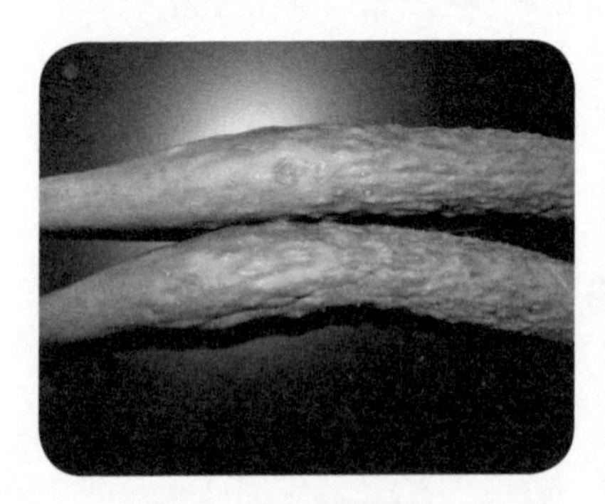

图 3-7-5 炭疽病病瓜

图 3-7-6 炭疽病田间病株

三、发生规律

初侵染来源：病菌主要以菌丝体或拟菌核在病残体上或混在土壤中越冬，菌丝体也可潜伏在种皮内越冬。冬季温室也为病原菌越冬提供了重要场所。翌年春季环境条件适宜时，越冬后的菌丝体和拟菌核很快发育成分生孢子盘，并产生大量分生孢子，成为初侵染源，通过雨水飞溅或气流传播侵染。通过种子调运可造成病害的远距离传播，未经消毒的种子播种后，病菌可直接侵染子叶，引致苗期发病，种苗调运可造成病害的远距离传播。

发病条件：病菌分生孢子在适温下，遇有充足的氧气和水时，即萌生芽管，直接穿透寄主表皮侵入。寄主发病后，病部产生分生孢子，借助雨水、灌溉水、农事活动和昆虫进行传播，引起再侵染。该病 10～30℃均可发病，发病最适温为 24℃，潜育期 3 天。相对湿度 97% 以上时发病最盛。低温、高湿适合本病的发生；南方 5～6 月份，北方 7～9 月份，低温多雨条件下易发生，温度高于 30℃，相对湿度低于 60%，病势发展缓慢。棚内高湿是该病发生的关键因素，相对湿度 95% 以上，气温在 22～24℃，叶面结有大量水珠，黄瓜吐水或叶面结露，黄瓜炭疽病发病的湿度条件经常处于满足状态，易流行。土壤黏重，排水不良，偏施氮肥，保护地内光照不足，通风排湿不及时，均可诱发此病。此外，采用不放风栽培法及连年重茬、氮肥过多、大水漫灌、种植密度高、通风不良，植株弱或植株徒长发病重。

四、防治措施

1. 选用抗病品种。如津优 38 号、中农 4 号等。

2. 种子消毒。50% 多菌灵可湿性粉剂 500 倍液浸种 1 小时，用清水洗净后催芽播种。或用 50℃温水浸种 20 分钟、冰醋酸 100 倍液浸种 30 分钟，用清水冲净后催芽。

3. 培育壮苗。苗床地增施生物有机肥，以提高植株抗病能力。育苗基质和苗床消毒，同黄瓜黑星病。

4. 清除病残体，实行轮作。与非瓜类作物实行 3 年以上轮作。

5. 加强栽培管理。控制氮肥用量，增施磷、钾肥，喷施各种叶面肥，提高植株抗病性。及时清除栽培地的病株残体，减少菌源。要在无露水时进行农事操作，不可碰伤植株，严禁大水漫灌，雨后及时排水；降低田间湿度，选用消雾无滴膜，大小行起垄定植，地膜下浇小水。保护地栽培黄瓜，上午温度控制在 30～33℃，及时通风透光，把湿度降至 70% 以下，可抑制病害发生。

6. 高效低毒农药防治

喷药防治：可用 50% 甲基托布津可湿性粉剂 700 倍液，75% 百菌清可湿性粉剂 700 倍液，50% 苯菌特可湿性粉剂 1500 倍液，80% 炭疽福美可湿性粉剂 800 倍液，65% 代森锌可湿性粉剂 600 倍液，2% 农抗 120 水剂 200 倍液，50% 多菌灵可湿性粉剂 500 倍液，50% 克菌丹可湿性粉剂 400 倍液，77% 可杀得可湿性粉剂 600 倍液，25% 咪鲜胺乳油 2000 倍液，7～10 天喷 1 次，连喷 2～3 次。

茎部涂抹：可用 50% 甲基托布津可湿性粉剂 100 倍液直接涂抹病部。

烟雾剂防治：保护地防治还可用 45% 百菌清烟剂熏烟，每亩 250 克，7～10 天熏 1 次。或用 5% 百菌清粉剂或 10% 克霉灵粉尘剂喷粉，每亩 1 千克，7～10 天喷 1 次。

第八节　黄瓜黑斑病

一、概述

黄瓜黑斑病是一种世界性病害，俗称“烤叶病”、“烧叶病”、“叶枯病”，近几年在我国为害严重，已成为黄瓜保护地、露地栽培的重要病害之一。该病发病率高达 60% 以上，一般减产 20%～30%，严重时可达 80%～100%。结瓜期发病如果防治不及时，会造成绝产，显著影响黄瓜的产量与品质。

病原为瓜链格孢菌（*Alternaria cucumerina* (Ell. et Ev.) Zlliott. ），链格孢属（*Alternaria*）。分生孢子梗单生或数根束生，褐色，顶端色淡，基部细胞稍大，不分枝，孢身梗有膝状节，1～7 个横隔，大小 20～67.5 微米 ×4～6 微米。分生孢子单生或串生，倒棍棒状，褐色，孢子具 2～9 个横隔，0～3 个纵隔，隔膜处向内缢缩，大小 57～87 微米 ×18～21 微米；喙稍长或长，色淡，不分枝，具 0～3 个横隔膜，大小 106～121 微米 ×2.2～2.4 微米，孢身至喙逐渐变细。病菌 5～40℃均可萌发，25～32℃萌发率最高，菌丝生长最快。病菌除侵染黄瓜外还可侵染甜瓜、西瓜、角瓜、南瓜、冬瓜、西葫芦、丝瓜等多种作物。

图 3-8-2 黑斑病急性发生病叶

图 3-8-3 黑斑病病叶叶脉

图 3-8-4 黑斑病发病叶柄

二、表现症状

幼苗、成株均可发病，主要侵染黄瓜叶片，茎和果实也可发病。受害子叶病部初为黄白色近圆形小斑，后变褐色，子叶枯焦。成株发病一般先从黄瓜的中、下部叶片开始发生，而后逐渐向上扩展，重病株除心叶外，均可染病。叶片发病初期叶背面有水浸状斑，四周明显，周围常有褪绿晕圈，病斑多数沿叶脉两侧的叶肉组织发展，主脉一般不受害，病斑圆形或不规则形，中间黄白色，边缘黄绿或黄褐色。后期病斑扩展成不规则形，黄褐色，表面粗糙，稍微隆起，且有褪绿色晕圈。发病严重时多个病斑扩展连接成大病斑，严重时叶肉组织枯死，或整叶焦枯，叶缘向上或向下卷起，叶子焦枯，但不脱落，最后仅剩下顶端几片绿叶，似火烤状。湿度大时产生稀疏灰褐色霉层，为病菌的分生孢子梗及分生孢子。病害急性发生时，造成叶脉发病，叶脉黄褐色、枯萎，叶肉沿叶脉变黄色，整个叶片向下卷曲。茎部及叶柄发病初期产生近圆形褪绿色病斑，略凹陷，后期病斑沿茎沟纵向扩展，病斑黄褐色，凹陷，严重

图 3-8-5 黑斑病发病叶柄

图 3-8-6 黑斑病病瓜

时多个病斑愈合，造成病部干枯、折断。瓜条染病，初期为褪绿色近圆形病斑，病部略凹陷，后期病部黄褐色，湿度大时产生黑色霉层，严重时病斑布满整个瓜条。

三、发生规律

初侵染来源：病菌以菌丝体或分生孢子在病残体上或黏附在种子表面或其他寄主植物上越冬，成为翌年的初侵染源。种子内外均可带菌，种表的分生孢子可以存活 15 个月以上，种内菌丝体经过 21 个月仍有生命力，是远距离传播的主要途径。

发病条件：分生孢子萌发可直接侵入叶片，条件适宜时潜育期 2～3 天，并很快形成分生孢子，借气流或雨水传播进行多次重复再侵染。该病的发生与温湿度关系密切，发病的适宜温度在 20～30℃，湿度大时发病重。黄瓜坐瓜后，植株生长势减弱，遇高温、高湿易发生此病。特别是浇水或雨过后病情发展迅速。

四、防治措施

1. 利用抗病品种。选用津优48号、津优301号、津优307号等。

2. 选用无病种瓜留种。种子消毒，用 55℃恒温水浸种 15 分钟后，立即放入冷水中冷却，然后播种。用 40% 多菌灵胶悬剂浸种 30 分钟，用清水洗净后催芽播种。用种子重量 0.3% 的 50% 灭霉灵可湿性粉剂，或 50% 福美双可湿性粉剂，或 50% 异菌脲可湿性粉剂拌种。

3. 育苗基质和苗床消毒。

4. 轮作倒茬。

5. 合理施肥。施用充分腐熟的有机肥，施足有机肥作基肥，增施磷钾肥，提高植株抗病力，科学浇水，严防大水漫灌。棚室栽培要通风透气，排湿降温。

6. 药剂防治

可选用 70% 代森锰锌可湿性粉剂 600～800 倍液，50% 多菌灵可湿性粉剂 500 倍液，50% 退菌特可湿性粉剂 800 倍液，2% 农抗

120 水剂 200 倍液，50% 异菌脲可湿性粉剂 1500 倍液，75% 百菌清可湿性粉剂 600 倍液，50% 异菌脲可湿性粉剂 1500 倍液，40% 克菌丹可湿性粉剂 400 倍液，50% 大富丹可湿性粉剂 500～600 倍液，80% 喷克可湿性粉剂 500～600 倍液，50% 速克灵可湿性粉剂 1000 倍液，40% 福星乳油 4000 倍液。

棚室栽培喷 5% 百菌清粉剂 1 千克每亩，或于傍晚点燃 45% 百菌清烟剂 200～250 千克每亩。

第九节　黄瓜疫病

一、概述

黄瓜疫病俗称“死秧”、“死藤”、“瘟病”，又叫“秃头”、“卡脖子病”等，是黄瓜的又一种土传病害，发病蔓延速度非常快，一旦发病可造成毁园。该病在我国上世纪 80 年代露地黄瓜上发生严重，随着设施栽培的发展，黄瓜疫病在我国北方地区发生已较少见，长江以南地区也有发生，广东、海南露地栽培黄瓜上发生最为严重。病原为甜瓜疫霉（*Phytophthora melonis* Katsura），根据菌物最新分类系统应属卵菌门（Oomycota）、卵菌纲（Oomycetes）、霜霉目（Peronosporales）、疫霉属（*Phytophthora*）。菌落灰白色、较稀疏，菌丝一般无隔膜，多分枝，很多菌丝常聚集成束状或葡萄球状。老熟菌丝长出瘤状结节或不规则球状体。在瓜条上菌丝球状体大部分成串，从此长出孢囊梗或菌丝。孢囊梗平滑，宽 1.5～3.0 微米，长达 100 微米，中间偶有单轴分枝，个别形成隔膜。孢子囊顶生，卵圆形或长椭圆形，大小 36.4～71.0 微米 ×23.1～46.1 微米，有乳头状突起，大小差异比较大，平均 54.3 微米 ×35.8 微米。囊顶增厚部分一般不明显，孢子囊孔口宽达 8.8～17.6 微米。一个孢子囊平均可释放 52 个游动孢子，游动孢子近球形，大小 7.3～17.7 微米。藏卵器穿雄生，淡黄色，球形，外壁 1.5～4 微米。雄器无色，球形或扁球形。卵孢子充满藏卵器内，呈球形，淡黄色或黄褐色，大小 15.7～32.0 微米。厚垣孢子少见。病菌生长发育最适温度 25～35℃，最佳温度为 32℃，致死温度为 45℃（10 分钟），病菌可在土壤中存活 5 年。此病除危害黄瓜外，还能侵染葫芦、冬瓜、苦瓜、西瓜、甜瓜、南瓜等。

没有高抗或免疫品种。品种间抗性有差异，有耐病品种。

二、表现症状

黄瓜疫病发展快，条件适宜时常令人感到猝不及防。苗期至成株期均可染病，主要危害茎基部、叶及果实。幼苗染病多始于嫩尖，初呈暗绿色水渍状，萎蔫，病部明显缢缩，病部以上的叶片渐渐枯萎，造成干枯呈秃尖状，不倒伏。子叶发病时，叶片上形成褪绿斑，不规则状，湿度大时很快腐烂。茎基部发病时，病部缢缩，幼苗倒伏，常被误诊为枯萎病。成株发病，多从茎基部嫩枝、侧枝基部发病，初期在茎基部一侧或一周出现暗绿色水浸状病斑，后变软，很快病部缢缩，使输导功能丧失，病部以上叶片萎蔫或全株枯死，呈青枯状，病茎维管束不变色。此病在田间干旱条件下呈慢性发病症状，并且可以造成其他病菌的复合侵染，浇水后病情加重，植株很快死亡。叶片发病，出现圆形或不规则的暗绿色水渍状病斑，潮湿时病斑很快扩展成大斑，病斑直径可达 25 毫米，边缘不明显，扩展到叶柄时叶片下垂，干燥时呈青白色，湿度大时病部有白色菌丝产生，全叶腐烂。瓜条染病，初期产生暗绿色水渍状、近圆形凹陷斑，湿度大时病害发展迅速，扩展后软腐变褐色，高湿时病部产生灰白色稀疏菌丝，瓜软腐，有腥臭味。空气干燥后成僵果。茎节处染病，形成褪绿色不规则病斑，湿度大时迅速发展包围整个茎，病部缢缩，病部以上萎蔫。高温、高湿、大雨等可导致病害爆发。

图 3-9-1 疫病苗茎基部缢缩

图 3-9-2 疫病茎基部缢缩

图 3-9-4 疫病病茎

图 3-9-7 疫病病叶

三、发生规律

初侵染来源：病菌主要以菌丝体、卵孢子及厚垣孢子随病残体在土壤或粪肥中越冬，成为翌年的初侵染源。卵孢子可以在土壤中存活 5 年。

发病条件：卵孢子经雨水、灌溉水传播到寄主，萌发产生芽管，芽管顶端与寄主表面接触，形成附着孢、侵染钉，依靠酶的消解和机械压力，穿过寄主表皮，进入寄主体内。发病温度范围 11～37℃，发病潜育期 1～5 天。最适温度为 25～32℃，相对湿度 85% 以上，潜育期 24 小时。病斑上产生的孢子囊，孢子囊成熟后在有水条件下，释放大量游动孢子，借水流进行传播，游动孢子休止后，产生芽管，侵入寄主进行再侵染。土壤水分是影响此病流行程度的重要因素；大雨后暴晴，最易发病；夏季温度高、雨量大、雨日多的年份疫病容易流行，为害严重。在适宜的温度范围内，重茬地、连阴雨天、浇水过勤、湿度大、排水不良、土质黏重、施用未腐熟的有机肥等，均易引起该病的发生。设施栽培时，春夏之交，打开温室前部放风口后，容易迅速发病。

四、防治措施

1. 选用耐病品种：中农 4 号、中农 5 号、中农 13 号等。

2. 种子消毒：温汤浸种，选用种子重量 0.3 倍的 25% 瑞毒霉可湿性粉剂拌种，或选用 25% 甲霜灵可湿性粉剂 800 倍液、72% 霜脲氰 · 锰锌可湿性粉剂 800 倍液浸种 30 分钟，而后催芽、播种。

3. 实行轮作：与非瓜类作物实行 5 年以上轮作。

4. 嫁接防病：利用黑籽南瓜对黄瓜疫病免疫的特点，通过嫁接可有效防止病害发生。

5. 采用高垄栽培，高畦深沟、小高畦栽培，使植株根系处和茎基部周围相对湿度小，不利于病菌的侵染。避免大水漫灌，及时排除田间积水。发现中心病株后及时拔除，收获后及时清除田间残株病叶并销毁。

6. 苗床或棚室土壤消毒：每平方米苗床用 25% 甲霜灵可湿性粉剂 8 克与土拌匀撒在苗床上，保护地栽培时于定植前用 25% 甲霜灵可湿性粉剂 750 倍液喷淋地面。

7. 药剂防治：防治露地黄瓜疫病的关键是从雨季到来前一周开始喷药或灌根。可选用 64% 杀毒矾超微可湿性粉剂 600 倍液，25% 甲霜灵可湿性粉剂 1000 倍液，叶霉杀星可湿性粉剂 1200～1600 倍液，50% 甲霜铜可湿性粉剂 600 倍液等喷药，每 7 天 1 次，连喷 3 次。或用 25% 甲霜灵可湿性粉剂 800 倍液，64% 杀毒矾超微可湿性粉剂 800 倍液，58% 甲霜灵锰锌可湿性粉剂 800 倍液，40% 增效瑞毒霉可湿性粉剂 500 倍液，55% 多效瑞毒霉可湿性粉剂 500 倍液灌根，5～7 天 1 次，连灌 3 次，每株灌根用药液 250～500 克。

第十节　黄瓜蔓枯病

一、概述

黄瓜蔓枯病又称“黑腐病”、“蔓割病”，各地均有发病，随设施栽培的发展，该病的发生日趋严重，常造成 20%～30% 的减产。该病属于土传病害，防治难度较大。病原为甜瓜球腔菌（*Mycosphaerella melonis* (Pass.) Chiu et Walker），属子囊菌亚门真菌。无性世代为西瓜壳二孢菌（*Ascochyta citrullina* Smith），属半知菌亚门真菌。分生孢子器叶面生，多为聚生，初埋生，后突破表皮外露，球形至扁球形，直径 68.25～156 微米，器壁淡褐色，顶部呈乳突状突起，孔口明显，直径 19.5～31.25 微米；分生孢子器内生大量分生孢子，分生孢子短圆形至圆柱形，无色，中间略有缢缩，初为单胞，后生一隔膜变双胞，大小 3.13～17.15 微米 ×2.94～4.9 微米。有性世代形成子囊壳，子囊壳细颈瓶状或球形，单生，黑褐色，大小 4.5～10.7 微米 ×30～107.5 微米；子囊壳内有多个直或弯曲的子囊，子囊多棍棒形，无色透明，正直或稍弯，大小 30～42.5 微米 ×8.75～12.5 微米；子囊内有 8 个子囊孢子，子囊孢子无色透明，短棒状或梭形，有一个分隔，上端较宽，顶端较钝，下面较窄，顶端稍尖，隔膜处缢缩明显，大小 10～20 微米 ×3.25～7.5 微米。菌丝生长适温 20～30℃，最适温度 25℃，低于 20℃、高于 30℃菌丝生长速度明显下降。分生孢子萌发的适宜温度是 20～30℃，最适温度为 30℃左右，低于 20℃，高于 30℃孢子萌发率明显下降。分生孢子的致死温度为 45.5℃。病菌分生孢子在 pH3~8 范围内均能萌发，最适 pH5~6，高于 6 或低于 5 时孢子萌发率迅速下降。病菌除侵染黄瓜外能侵染多种葫芦科作物。

品种间抗病有差异，抗病品种少。

二、表现症状

该病在棚室栽培的黄瓜上发生居多。一般在成株期发病，主要危害根茎部和叶片，瓜条也可受害。茎部染病大多在近地面处的茎基部和茎节部位，病部初期呈褪绿色病斑，茎表皮初期出现黄白色菱形、椭圆形或不规则病斑，逐渐扩大后往往围绕茎蔓半周至一周，纵向可长达十几厘米。以后病斑表皮变粗，由茎表面向内部发展，病部黄褐色，有时溢出乳白色透明胶质物，干后变成琥珀色。湿度大时病部产生黑色霉层，后期密生小黑点，为病菌的分生孢子器。生育后期产生的黑色小点可能是病菌产生的有性世代——子囊壳。最后病部纵裂呈乱麻状，引起蔓枯，病部维管束不变色，这是与黄瓜枯萎病的区别。病部产生的分生孢子器，从孔口处开裂，释放大量分生孢子，引起叶部再侵染。病斑初期呈半圆形或自叶片边缘向内呈“V”字形病斑，黄白色、黄褐色或淡褐色，病斑逐渐扩大，直径可达 10～35 毫米，大者能覆盖半个叶片。后期病斑淡褐色或黄褐色，易破碎，病部隐约可见不明显轮纹，其上散生许多小

图 3-10-1 蔓枯病病茎初期

图 3-10-2 蔓枯病病茎中期

图 3-10-3 蔓枯病病茎后期

图 3-10-4 蔓枯病发病叶柄

黑点为病原菌的分生孢子器，病叶自下而上枯黄，不脱落，严重时只剩顶部1～2片叶。瓜条受害，多在瓜条顶部出现水浸状，有白色粘胶物。苗期发病症状在茎的下部，病部初呈油浸状，后变黄褐色，稍凹陷，表皮龟裂，常分泌出流胶，病蔓维管束不变色。田间湿度大时，病部常流出琥珀色胶质物，干燥后纵裂，造成病部以上茎叶枯萎。

注意与枯萎病区别：蔓枯病发病部位主要在茎基部或茎节处，病斑较小，绕茎，茎节处病斑呈近圆形，病株叶片颜色不发生变化；叶片可发病，形成“V”形病斑，病部产生黑色霉层，并产生黑色小点。病茎等部位维管束不变色；枯萎病病斑一般在中部，病斑长条形，病株一侧叶片或叶片的一部分均匀黄化；病部产生粉红色霉层，病部维管束褐变，叶部很少产生病斑。

三、发生规律

初侵染来源：病菌主要以分生孢子器或子囊壳随病残体在土壤中越冬，也可附着在棚室架材上越冬，种子能带菌传病。

发病条件：病菌产生的分生孢子和子囊孢子，借助风雨传播，从植株伤口、气孔或水孔侵入。病菌喜温暖和高湿条件，高温高湿有利于该病发生，发病温度范围8～30℃，发病适宜温度18～25℃，相对湿度85%以上。茎基部发病与土壤水分有关，土壤湿度大或田间积水，易发病。连作地块、平畦栽培、寄主生长衰弱等发病重。保护地通风不良、种植过密、连作、植株脱肥、长势弱或徒长、光照不足、空气湿度高或浇水过多、氮肥过量或肥料不足，均能加重病情，生长中后期发病严重。该病主要以初侵染为主，其严重程度与田间初始菌量及环境条件有关。种子带菌致使子叶发病。

四、防治措施

1. 选用耐病品种：津优3号、津优307号等。

2. 种子消毒。用55℃温水浸种15分钟，或40%福尔马林100

倍液浸种 0.5 小时，浸后用清水冲洗，而后催芽、播种。

3. 无病土育苗。

4. 与非瓜类作物施行 2～3 年轮作。

5. 清洁田园。加强管理，施足基肥，增施磷、钾肥，适时追肥，增强植株抗病能力，防止植株早衰；雨后及时排水。保护地注意放风排湿，收获后彻底清除田间病残体，随之深翻；高畦定植，覆盖地膜，膜下浇小水；发病初期要认真彻底清除病叶、病蔓。

6. 高效低毒农药防治

可选用 50% 异菌脲可湿性粉剂 1000 倍液，75% 百菌清可湿性粉剂 600 倍液，50% 托布津可湿性粉剂 500 倍液，80% 代森锌可湿性粉剂 800 倍液，50% 多菌灵 500 倍液，70% 代森锰锌可湿性粉剂 500 倍液，50% 多硫胶悬剂 500 倍液，36% 甲基硫菌灵胶悬剂 400 倍液，喷雾防治。每 7～10 天喷 1 次，连喷 2～3 次。

茎部涂药对于发病初期在茎蔓基部或嫁接口出现的病斑，可用“920”稀释液（稀释倍数视含有效成分而定）涂抹，防效很好。

第十一节 黄瓜根腐病

一、概述

黄瓜根腐病又称“倒蔓割根”，是一种土传病害。发生病因较为复杂，存在病菌的复合侵染，已报道的病原菌有腐霉、腐皮镰刀菌、拟茎点霉、甜瓜疫霉等。一般发病率在 15% 左右，重的可达 30%。病菌还可为害西瓜、甜瓜和冬瓜等。

幼苗腐霉根腐病：主要发生在苗期，病原为结群腐霉（*Pythium myriotylum* Drechsler.）和卷旋腐霉（*P.thiumvolutum* Vanterp et Trasc.）。结群腐霉在 CMA 上 25℃条件下培养，气生菌丝铺展状，白色茂盛，菌丝直径 3～5 微米，孢子囊由菌丝状结构和瓣状结构组成，大小 55～140 微米 ×6～18 微米；藏卵器球形或近球形，顶生或间生，偶见2个连生，大小24～30微米；雄器异丝生，弯曲，棒状或钩状，顶生在雄器柄分枝末端，大小7～15微米 ×4～7微米，每藏卵器着生3～7个雄器，多为5个；卵孢子球形，平滑，不满器，直径19～27微米，壁厚1.4～2.4微米。

腐皮镰刀菌根腐病：是非嫁接黄瓜的主要根腐病种类。病原为瓜类腐皮镰孢菌（*Fusarium solani*（Mart.）App.et Wollenw. f.cucurbitae Snyder et Hansen.）。病菌产生2种类型分生孢子。大型分生孢子镰刀形、梭形或肾形，无色，透明，两端较钝，具隔膜2～4个，以3隔居多，大小14.0～16.0微米 ×2.5～3.0微米。小型分生孢子椭圆形至卵圆形，具隔0～1个，大小6～11微米 ×2.5～3微米。在PDA培养基上呈绒毛状、银白色；在米饭培养基上呈银白色至米色；在马铃薯块和绿豆培养基上均为银白色至浅驼色。

拟茎点霉根腐病：病原为一种拟茎点霉（*Phomopsis* sp.），是当前嫁接黄瓜的主要根腐病种类。分生孢子器埋生于表皮下，扁球形，暗褐色。分生孢子梗无色，分枝，有隔膜。产孢细胞圆柱形，无色，内壁芽生瓶体式产孢。分生孢子有两种类型：A型孢子卵圆形至纺锤形，无色，单胞，通常含2个油球，可萌发，是主要的一种；B型孢子线型，一端弯曲呈钩状，无色，单胞，不含油球，不能萌发。在PSA培养基上能产生灰白色菌丝，形成褐色至暗褐色菌落，菌丝具隔，直径1.5～16微米，大小差别较大，有时形成黑色扁平不规则形菌核，大小0.02～10毫米，未见形成孢子，病菌在黄瓜茎叶加水琼脂培养基上，20℃连续光照10天，在黑色孢子器里生成A型分生孢子，卵形至长椭圆形，无色单胞，大小7～11微米 ×3～4微米，未见B型孢子。

甜瓜疫霉根腐病：病原为甜瓜疫霉，同黄瓜疫病菌。

二、表现症状

幼苗腐霉根腐病：主要侵染黄瓜幼苗根及茎部，初呈水浸状，后于茎基部或根部产生褐斑，逐渐扩大后凹陷，严重时病斑绕茎基部或根部一周，致使地上部逐渐枯萎。纵剖茎基部或根部，可见导管变为深褐色，发病后期根茎腐烂，不长新根，植株枯萎而死。

腐皮镰刀菌根腐病：主要侵染根及根茎部，初呈水浸状，后引起腐烂，变干呈褐色，但茎基部并不缢缩或缢缩不明显，病部腐烂处的维管束变褐，不向上发展，别于枯萎病。后期病部往往变糟，仅剩下维管束呈丝麻状，潮湿时病部产生粉红色霉状物，为病菌的分生孢子梗和分生孢子。病株地上部初期症状不明显，后叶片中午萎蔫，早晚尚能恢复，严重的则多数不能恢复而枯死。

图 3-11-1 根腐病病根

图 3-11-3 根腐病病根后期

图 3-11-2 根腐病茎基部缢缩

图 3-11-4 根腐病田间发病状

拟茎点霉根腐病：嫁接黄瓜结果后陆续发病。病程较长，开始白天叶片出现萎蔫，晚上或阴天尚可恢复，持续几天后，下部叶片开始枯黄，且逐渐向上发展，导致瓜条发育不良。嫁接苗属于黑籽南瓜部分近地面的茎基部出现水浸状，变褐腐败，致使全株死亡。茎基部不出现水浸和腐败症状，南瓜和黄瓜的维管束也不变褐，掘取根部可见细根基部变褐腐烂，主根和支根的一部分也出现浅褐色至褐色，严重时根部全部变褐色和深褐色，后细根基部全部发生纵裂，并在纵裂中间可能发现灰白色黑带状菌丝块，在根皮细胞可见到密生的小黑点为病菌的分生孢子器。病菌发育适温 24～28℃，最高 32℃，最低 8℃，一般低温对病菌发育有利。

甜瓜疫霉根腐病：病菌侵染植株后，病初在茎基部时产生长条形水渍状褐色病斑，病斑逐渐扩大，稍凹陷，但没有露出木质部。地上部长势弱，开始萎蔫，植株下部叶片先由叶尖开始逐渐变黄，后期病斑绕茎基部或根部一周，致地上部枯萎，下部叶片枯黄，上部叶片仍呈绿色。纵剖茎基或根部，木质部呈水渍状深褐色，变色部分不向上发展，最后根茎腐烂，不长新根，使整株枯死。高湿条件下时病部产生白色棉絮状稀疏的霉状物。

三、发生规律

幼苗腐霉根腐病：病原以卵孢子在 12～18 厘米表土层越冬，并在土中长期存活。遇有适宜条件卵孢子萌发产生孢子囊，以游动孢子或直接长出芽管侵入寄主。此外，在土中营腐生生活的菌丝也可产生孢子囊，以游动孢子侵染瓜苗引起腐霉猝倒病。田间的再侵染主要靠病苗上产出孢子囊及游动孢子，借雨水、灌溉水、带菌粪肥、农具、种子传播蔓延，病菌侵入后，在皮层薄壁细胞中扩展，菌丝蔓延于细胞间或细胞内，后在病组织内形成卵孢子越冬。春季床温较低时发病，土温 15～16℃时病菌繁殖速度很快。土壤高湿极易诱发此病。幼苗子叶中养分快耗尽而新根尚未扎实之前，抗病力最弱，或光照不足，遇寒流或连续低温阴雨（雪）天气，苗床保温不好，病菌会乘虚而入。

腐皮镰刀菌根腐病：病原以菌丝体、厚垣孢子或菌核在土壤中及病残体上越冬。尤其厚垣孢子可在土中存活5～6年或长达10年，为主要侵染源。病原从根部伤口侵入，后在病部产生分生孢子，借雨水或灌溉水传播蔓延进行再侵染。高温、高湿利于其发病，连作地、低洼地、黏土地或下水头发病重。发病适宜温度为25℃左右。

拟茎点霉根腐病：病菌随病残体在土壤中越冬，翌年黄瓜结瓜后开始发病。高温高湿有利于此病发生。15～30℃均可发病，20～25℃发病重。土壤黏重，通透性差，植株生长势弱易发病。

甜瓜疫霉根腐病：同黄瓜疫病。

四、防治措施

1. 种子消毒：从无病株上采种或采用温汤浸种或药剂浸种的方法进行种子消毒，浸种后催芽，催芽不宜过长，以免降低种子发芽能力。

2. 床土消毒：按每平方米苗床面积的营养土掺入50%拌种双可湿性粉剂，或50%多菌灵可湿性粉剂，或25%甲霜灵可湿性粉剂，或50%福美双可湿性粉剂，或五代合剂（用五氯硝基苯、代森锌等量混合）8～10克的剂量，将药剂与营养土混匀后再装营养钵或做营养土方。或50%代森铵200～400倍液浇灌苗床土壤。

3. 有条件的地方与十字花科、百合科作物实行3年以上轮作。

4. 采用高畦栽培，防止大水漫灌及雨后田间积水，苗期发病害及时松土，增强土壤透气性。利用免深耕土壤调理剂改良土壤。

5. 药剂防治：发病初期喷洒或浇灌药剂防治，可选用70%甲基托布津可湿性粉剂1000倍液，50%多菌灵可湿性粉剂500倍液，75%百菌清可湿性粉剂600倍液，25%甲霜灵可湿性粉剂800倍液，64%杀毒矾超微可湿性粉剂500倍液，40%乙磷铝可湿性粉剂200倍液，70%安泰生可湿性粉剂500倍液，50%烯酰吗啉可湿性粉剂1500倍液，72.2%普力克水剂400倍液，70%代森锰锌可湿性粉剂500倍液，15%恶霉灵水剂1000倍液等药剂，喷洒茎基部及土表，每5～7天1次，连喷2～3次。也可用65%代森锌500～600倍液，70%甲基托布津可湿性粉剂800～1000倍液灌根，每株灌0.25升，隔7天1次。也可以配成药土撒在茎基部。发现病苗立即拔除，并选用以上药剂喷洒。

第十二节　黄瓜长孺孢圆叶枯病

一、概述

黄瓜长孺孢圆叶枯病近年来在部分地区发生，严重时发病率可达到80%，极大地影响了黄瓜的产量和质量。病原为长蠕孢菌（*Helminthosporium cucumerinum* Garbowski），分生孢子梗从寄主的气孔伸出，具隔膜，单枝或分枝，梗长88～188微米；分生孢子梭形至长椭圆形或倒棍棒状，向一边弯曲，大小36～104微米×10～20微米。具4～10个隔膜。也可侵害甜瓜和西瓜等。

二、表现症状

图3-12-1 长孺孢圆叶枯病田间发病叶

主要为害叶片，病斑初为暗绿色水浸状，病斑圆形，直径10～30毫米，后逐渐扩大变褐色，病健交界不明显，有的病斑有黄晕。湿度大时病斑表面生黑褐色的霉层，即病菌分生孢子梗和分生孢子。当发病条件成熟时，出现急性圆形大病斑，初发时周缘呈水渍状淡绿色，受粗叶脉限制，病健交界有黄褐色的晕圈，随病情发展稳定后，病斑中央呈淡黄色或者灰白色，呈薄纸状。危害大时病斑连成片，造成整个叶片枯死，直至植株死亡。一旦发生，繁殖快，流行快，损失大。

三、发生规律

初侵染来源：病菌主要以菌丝体随病残体于田间越冬。条件适宜时产生分生孢子，借气流、雨水反溅到寄主植株上，从气孔侵入，潜育期2～3天，病叶上产生的分生孢子通过气流传播引起再侵染。

发病条件：病菌发育适温25～28℃，高温高湿，特别是多雨的高温季节易流行，湿度是诱发本病的重要因素，在适宜的温度范围内，空气湿度大，易发病，相对湿度在85%以上，温度在26℃左右，潜育期2天。此外，菜地潮湿、黄瓜生长衰弱、种植过密、通风透光差或肥料不足发病重。一般4月中下旬开始发生，5月为发病高峰期。

四、防治措施

1. 选用抗病品种，培育壮苗。

2. 种子消毒。用55℃温水浸种15分钟，也可用40%福尔马林150倍液浸种1.5小时，或次氯酸钙300倍液浸种30分钟，或100万单位硫酸链霉素500倍液浸种2小时，清水洗净后催芽播种。

3. 消灭病菌来源。实行2年以上的轮作；采收后清除病残体，烧毁或深埋；及时深翻，以消灭初侵染源；田间生长期间发现病叶及时摘除，以消灭再侵染来源，可有效减轻病害的发生。

4. 加强田间管理。采用高畦深沟种植，不宜过密，改善田间通透性。适时灌水，定植前灌足底水，根瓜采收后开沟灌小水，做到“晴浇，阴不浇；上午浇，下午不浇”。黄瓜植株满架后开大沟灌水，把沟内土壤培植到植株根际附近，大约每5天浇1次透水，同时要及时中耕，有利于黄瓜生长。增施有机肥，定植前亩施5000千克优质有机肥和30千克磷酸二铵作底肥。适时叶面追肥，提高植株自身抗病机制，植株缓苗后在黄瓜叶片上每7天左右喷施磷酸二氢钾300倍液。巧用地面追肥，植株生长期间对有机肥和无机肥的吸收是按2∶1的比例，二者缺一不可，根瓜采收后每隔10天亩随水追20千克尿素或硫铵水，黄瓜生长30～35片叶时摘心，摘心时亩追施腐熟的黄豆20千克。

5. 药剂防治

烟雾剂熏蒸杀灭病原菌：如果出现长期阴雨绵绵的天气，室内空气湿度较大，用烟雾法较为适宜。最好晚上进行。亩用百菌清烟剂250克，均放在5处，用暗火点燃，发烟时闭棚，第2天早晨揭棚放风。每隔10天1次，连熏3次。

用高效低毒低残留农药防治：发病初期及时喷药防治，可选用27%铜高尚悬浮剂600倍液，77%可杀得可湿性粉剂400～500倍液，50%甲霜铜可湿性粉剂600倍液，50%琥珀肥酸铜可湿性粉剂500倍液，60%百菌通可湿性粉剂500倍液，50%多硫悬浮剂，70%甲基托布津可湿性粉剂800倍液，72.2%普力克400～600倍液加链霉素200单位喷洒，隔10天左右1次，连续防治2～3次。注意两种或两种以上药剂轮换使用，以延缓抗药性的产生，采收前3天停止用药。

第十三节　黄瓜菌核病

一、概述

黄瓜菌核病是保护地黄瓜的重要病害，以日光温室和早春大棚前期及秋延后大棚后期发病较重，在我国北方保护地栽培中的发生和为害呈上升趋势。常常引起烂瓜、烂秧，产量损失很大，大发生年减产高达60%。病原为核盘菌（*Sclerotinia scletotiorum* (Lib.) de Bary），属子囊菌。菌核由菌丝体扭集在一起形成，初白色，后表面变黑色鼠粪状，大小不等，长度3～7毫米，宽度1～4毫米或更大，有时单个散生，有时多个聚生在一起。干燥条件下，存活4～11年，水田经1个月腐烂。5～20℃，菌核吸水萌发，产出1～30个浅褐色子囊盘，子囊盘盘状或扁平状，为病菌的有性世代。子囊盘柄的长度与菌核的入土深度相适应，一般3～15毫米，有的可达6～7厘米，子囊盘柄伸出土面为乳白色小芽，逐渐展开为杯状或盘状，成熟或衰老的子囊盘变成暗红色或淡红褐色。子囊盘中产生许多子囊和侧丝，子囊盘成熟后子囊孢子呈烟雾状弹射，高达90厘米，子囊无色，棍棒状，内生8个子囊孢子。子囊孢子无色，圆形或椭圆形，单胞，大小10～15微米 ×5～10微米。病菌一般不产生分生孢子。菌核有两种萌发方式，若土壤持续湿润，菌核萌发后产生子囊盘，由子囊盘产生子囊孢子；在土壤湿润度较低的条件下，菌核以产生菌丝体的方式萌发。菌丝子在0～30℃都能生长，最适温度为20℃，在PDA培养基上培养一周左右可以产生菌核。菌核50℃经5分钟死亡。菌核萌发的最适温度为15℃；子囊孢子在0～30℃都能萌发，最适温度为5～10℃。高湿利于子囊孢子的萌发和菌丝生长，低于85%的相对湿度对菌丝生长不利。该菌寄主范围较广，除侵染葫芦科作物外还可侵染茄子、番茄、菜豆、芹菜、青椒、豌豆、马铃薯、胡萝卜、芹菜及多种十字花科蔬菜。

二、表现症状

该病的发生与灰霉病类似，从老的花瓣、水分易积存的部位发生，花瓣落下附着的部分最易发病，与灰霉病的区别在于有白色棉絮状霉和菌核。在黄瓜生长苗期、成株期均可染病，棚室或露地的黄瓜均会发病，以棚室黄瓜受害重。主要危害果实和茎蔓，果实染病多从顶花处、瓜头发病，先呈水浸状腐烂，渐向瓜条内发展，致瓜腐烂，并长出白色的浓密菌丝，而后菌丝纠结成黑色菌核。茎蔓染病时，多发生在近地面的茎基部和主侧枝分杈处，产生褪色水浸状斑，后逐渐扩大色渐深，呈淡褐色，高湿条件下，病茎变软、腐烂，长出白色棉毛状菌丝，后期菌丝密集鼠粪般黑色菌核。病茎髓部遭破坏腐烂中空，或纵裂干枯，茎秆内部生有黑色菌核。茎表皮纵裂，但木质部不腐败，故植株不表现萎蔫，但病部以上叶、蔓凋萎枯死。叶柄、叶染病多为病部接触传染，开始为灰色至淡褐色，水浸状近圆形病斑，边缘不明显，并迅速软腐，后长出大量白色稀疏的菌丝，菌丝密集形成黑色鼠粪状菌核。苗期发病在近地面幼茎基部出现水浸状病斑，并很快绕茎一周，造成幼苗猝倒。一定湿度和温度下，病部先生成白色菌核，老熟后为黑色鼠粪状颗粒。

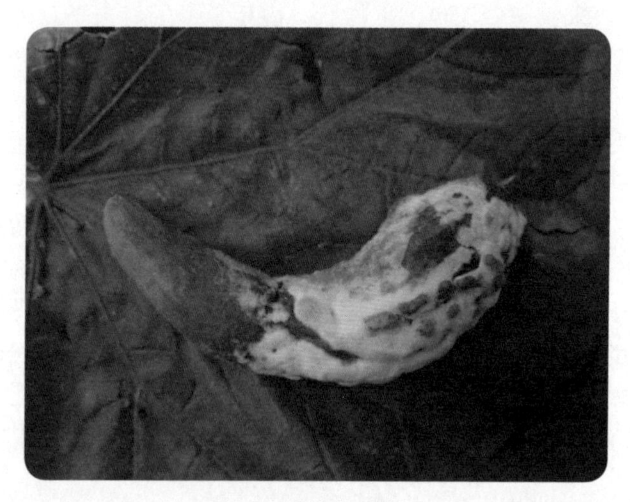

图 3-13-2 菌核病病瓜

三、发生规律

初侵染来源：菌核遗留在土壤中或混杂在种子中越冬或越夏，混在种子中的菌核会随播种操作进入田间，是病菌的初侵染来源。

发病条件：留在土壤中的菌核遇到适宜温湿度条件时即可萌发

产生子囊盘，并产生子囊孢子，随气流传播蔓延，侵染衰老的花瓣或叶片，长出白色菌丝，并扩展进而为害叶片及幼瓜，茎蔓等由于与病瓜、病叶等接触而被感染。在田间，带菌雄花落在健叶或茎上经菌丝接触，易引起发病，并以这种方式进行重复侵染，直到条件不适宜繁殖时，病部又形成菌核落入土中或随种株混入种子中越冬或越夏。

菌核萌发最适宜温度为15℃左右，温度在13～20℃时有利于子囊孢子萌发，低温、高湿或多雨的早春或晚秋有利于该病发生和流行，菌核形成时间短，数量多。连年种植葫芦科、茄科及十字花科蔬菜的田块，排水不良的低洼地，或偏施氮肥，霜害、冻害条件下发病重。放风不及时，湿度大的地块发病重。通风早、通风量大、湿度小、光照足的发病轻。

四、防治措施

1. 种子和土壤消毒：定植前用40%五氯硝基苯配成药土耙入土中，每亩用药1千克兑细土20千克，拌匀撒入定植穴。种子用55℃温水浸种10分钟，即可杀死菌核。

2. 有条件者最好与水生作物轮作，或在夏季把病田灌水浸泡半个月，或收获后及时深翻，深度要求达到20厘米，将菌核埋入深层，抑制子囊盘出土。同时采用配方施肥技术，增强植株抗病力。

3. 栽培防病：采用高垄栽培，盖地膜，膜下灌水。加强通风透光，防止温度偏低、湿度过大的现象出现。棚室栽培时，上午以闭棚升温为主，温度不超过30℃不要放风，温度较高还有利于提高黄瓜产量，下午及时放风排湿，相对湿度要低于65%，发病后可适当提高夜温以减少结露，可减轻病情。防止浇水过量，土壤湿度大时适当延长浇水间隔期。清除田间杂草；及时清除病叶、病株、病瓜，销毁；摘除老叶。

4. 物理防治：播种前用10%盐水漂种2～3次，淘除菌核，或温汤浸种杀死菌核；用紫外线透过率较高的塑料薄膜覆盖棚室，可抑制子囊盘出土及子囊孢子形成；也可采用高畦覆盖地膜的栽培方式抑制子囊盘出土及释放子囊孢子，减少菌源。

5. 药剂防治

棚室地面上出现子囊盘时，采用烟雾或喷雾法防治，用10%速克灵烟剂，45%百菌清烟剂，每亩250克，熏1夜，隔8～10天1次，连续或与其他方法交替防治3～4次。

喷撒5%百菌清粉剂，每亩每次1千克。也可用50%速克灵可湿性粉剂1500倍液，40%菌核净可湿性粉剂1000倍液，50%异菌脲可湿性粉剂1000倍液，40%施佳乐悬浮剂800倍液，65%腐霉灵可湿性粉剂600～800倍液，40%嘧霉胺可湿性粉剂600倍液，50%农利灵可湿性粉剂1000倍液，20%甲基立枯磷乳油1000倍液，50%异菌脲可湿性粉剂1500倍液加70%甲基硫菌灵可湿性粉剂1000倍液于盛花期喷雾，每8～9天1次，连续防治3～4次。病情严重时，除日常喷雾外，还可把上述杀菌剂兑成50倍液，涂抹在瓜蔓病部，抑制病情。

第十四节　黄瓜叶斑病

一、概述

病原为瓜类尾孢（*Cercospora citrullina* Cooke），菌丛生于叶两面，叶面多，子座不明显或微小；分生孢子梗单生或束生，淡褐色至浅橄榄色，直或略弯，不分枝，无膝状节，具隔膜0～4个，顶端平切，孢痕明显，梗大小12.0～27微米×8～10微米；分生孢子无色或淡色，鞭形或针形至弯针形，具隔0～16个，端钝圆尖或亚尖，基部平截，大小15～112.5微米×2～4微米。该菌还可为害冬瓜、南瓜、节瓜、瓠子、葫芦等。

二、表现症状

主要为害叶片，病斑褐色至灰褐色，圆形、椭圆形至不规则形，直径 0.5～12 毫米，病斑边缘明显或不十分明显，湿度大时，病部表面生灰色霉层，为病菌的分生孢子梗和分生孢子。

三、发生规律

病菌以菌丝体或分生孢子在病残体及种子上越冬，翌年产生分生孢子借气流及雨水传播，从气孔侵入，经 7～10 天发病后产生新的分生孢子进行再侵染。多雨季节此病易发生和流行。

四、防治措施

1. 种子消毒：使用无病种子，播种前进行种子消毒，用 55℃温水浸种 15 分钟后再催芽、播种。

2. 与非瓜类蔬菜实行 2 年以上轮作。

3. 药剂防治

发病初期及时喷洒 50% 多霉・威可湿性粉剂 1000 倍液，50% 苯菌灵可湿性粉剂 1500 倍液，50% 甲霜铜可湿性粉剂 600～700 倍液，60% 琥・乙膦铝可湿性粉剂 500 倍液，64% 杀毒矾超微可湿性粉剂 500 倍液，30% 绿得保悬浮剂 400 倍液，30% 氧氯化铜悬浮剂 800 倍液，50% 多霉灵可湿性粉剂 1000～1500 倍液，36% 甲基硫菌灵悬浮剂 400～500 倍液，50% 多・硫悬浮剂 600～700 倍液等药剂，每 5～7 天 1 次，连续防治 2～3 次。

保护地可用 45% 百菌清烟剂熏烟，每亩 200～250 克，或喷撒 5% 百菌清粉剂，每亩 1 千克，隔 7～9 天 1 次，视病情防治 1～2 次。

第十五节 黄瓜红粉病

一、概述

黄瓜红粉病是近年塑料大棚或温室黄瓜新发生的病害之一，发病率已呈逐年上升趋势，一般在 2.5%～11.5%。病原为粉红单端孢（*Trichotchecium roseum* (Bull.) Link），俗名“玫红聚端孢”，属半知菌。菌落初白色，后渐变为粉红色。分生孢子梗直立不分枝，无色，顶端有时稍大，大小 162.5～200 微米 ×2.5～4.5 微米；分生孢子顶生，单独形成，多可聚集成头状，呈浅橙红色，分生孢子倒洋梨形，无色或半透明，成熟时具 1 隔膜，隔膜处略缢缩，大小 15～28 微米 ×8～15.5 微米。还可危害梨、棉花、苹果、桃、橄榄、菜豆等，引起果实红粉病。

图 3-15-1 红粉病病菌在 PDA 上的培养性状

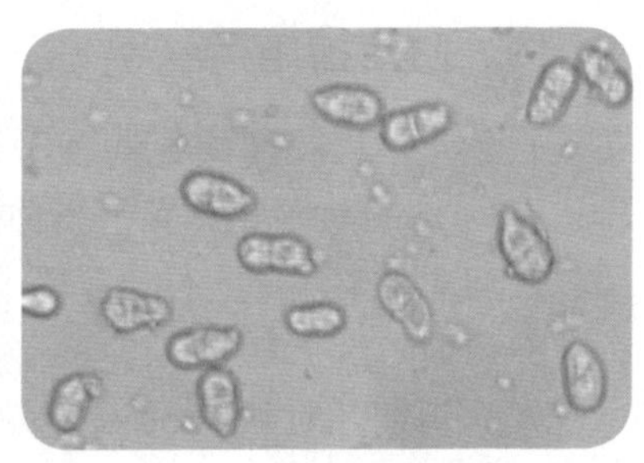

图 3-15-2 红粉病病菌分生孢子

二、表现症状

一般发生在黄瓜生育中后期，黄瓜长至 15～20 片真叶开始发病。主要危害叶片，由下向上发生，在叶片上产生圆形、椭圆形或者不规则形状的浅黄褐色病斑，病健部界限明显。病斑直径 2～50 毫米，湿度大时边缘呈水浸状，病斑处变薄，后期容易破裂。从单株发病情况看，下部叶片病斑大，呈椭圆形或不规则形，病斑边缘呈浅黄褐色，中部灰白色，易破裂，常常 2 个或几个病斑连在一起；中部叶片病斑较小，病斑数量较多，呈圆形或椭圆形，浅黄褐色；上部叶片病斑呈圆形，小且少。高湿持续时间长时，病斑部生有浅橙色霉状物，为病菌的分生孢子梗和分生孢子。发生严重时，可造成叶片腐烂或大量枯死，引起化瓜。病斑上不产生黑色小颗粒，可与炭疽病和蔓枯病相区别。

红粉病的病斑比炭疽病大，且薄，呈暗绿色，病斑上也不产生黑色小点，这是与炭疽病和蔓枯病的主要区别。

三、发生规律

初侵染来源：病菌以菌丝体随病残体留在土壤中越冬，翌春条件适宜时产生分生孢子，病原菌通过气流和灌溉水传播到黄瓜叶片上，由伤口侵入。发病后，病部又产生大量分生孢子，借风雨或灌溉水传播蔓延，进行再侵染。

发病条件：病菌发育适温 25～30℃，相对湿度高于 85% 时易发病。因此，本病一般在春季温度高、湿度大、光照不足、通风不良的温室发生。露地黄瓜在夏季多雨高湿条件下，也可发生。密植、植株徒长、生长衰弱等原因易造成该病发生。在多雨高湿季节，苗床上也能发生黄瓜红粉病。

四、防治措施

1. 种子消毒：用 25% 多菌灵可湿性粉剂 50 倍稀释液浸种 30 分钟，倒液阴干后第二天播种。

2. 高畦地膜栽培：保护地或露地均可实行高畦地膜栽培，或畦面铺稻草或麦秸。秋棚黄瓜最好在棚内育苗。

3. 膜下沟灌：适度浇水和及时排除空气中过多的水分，控制发病。

4. 加强管理：棚室栽培黄瓜应合理密植，及时整枝、绑蔓，注意通风透光。春茬大棚黄瓜生长前期适当控制浇水，进行夜间和清晨通风，降低棚内湿度。选用无滴膜，防止棚顶滴水。在发病期间，摘瓜、绑蔓等农活应在露水消失后进行。雨季加强田间排水，并及时追肥。

5. 药剂防治

发病初期用百菌清烟雾剂熏烟，或用 10% 百菌清粉剂喷粉，每亩 1 千克。

可用50%多菌灵可湿性粉剂500倍液，50%托布津可湿性粉剂500倍液，50%苯菌灵可湿性粉剂1500倍液，64%杀毒矾超微可湿性粉剂500～600倍液，80%炭疽福美可湿性粉剂800倍液，25%三唑酮可湿性粉剂1000～1500倍液，10%苯醚甲环唑水分散粒剂1000～1500倍液喷雾防治，在上述药液中加入72%农用链霉素SP3000～4000倍液。重点是在苗期下雨前后和发病初期摘去病叶后施药，每隔5～10天再行用药，连治3～4次。露地栽培的黄瓜，要在高温多雨季节，用50%多菌灵可湿性粉剂500～600倍液喷雾预防。

第十六节　黄瓜立枯病

一、概述

黄瓜立枯病是幼苗时期的主要病害之一，各黄瓜产区均有发生。病原为立枯丝核菌（*Rhizoctoniasolan*i Kühn），属半知菌。有性阶段为丝核薄膜革菌（*Pellicularia filamentosa*（Pat.）Rogers），不多见。同样的营养菌丝在不同的条件下，表现出很大形态上的差异和分化。初生菌丝无色，后为黄褐色，具隔，粗8～12微米，分枝基部缢缩，老菌丝常呈一连串桶形细胞，并可交织而成质地疏松的黑褐色菌核，菌核无色至暗褐色，近球形或不定形，质地疏松，表面粗糙。不产生任何无性孢子。还可危害苦瓜、甜瓜、甘蓝、番茄、辣椒、茄子、马铃薯、豆类、水稻等。

二、表现症状

“立枯病”，顾名思义站立枯死。一般在育苗中后期发病，多在床温较高或育苗后期发生，主要为害幼苗茎基部或地下根部，初在下胚轴或茎基部出现椭圆形或不规则形暗褐色斑，逐渐向里凹陷，边缘较明显，扩展后围绕整个茎基部一周，致茎部萎缩干枯，地上部叶片变黄，后瓜苗死亡，但不折倒。根部染病多在地表根茎处，皮层变褐色或腐烂，在苗床内，开始时仅个别瓜苗白天萎蔫，夜间恢复，经数日反复后，病株萎蔫枯死，早期与猝倒病不易区别，但病情扩展后，病株不猝倒，病部具轮纹或不明显淡褐色蛛丝状霉，即病菌的菌丝体或菌核，且病程进展较慢，有别于猝倒病。立枯病不产生絮状白霉。

三、发生规律

初侵染来源：立枯丝核菌是土壤习居菌，以菌丝体或菌核在土中或病组织中越冬，且可在土壤中腐生 2～3 年。遇到足够的水分和较高的湿度时，菌核萌发出菌丝从伤口或直接由表皮侵入寄主，通过雨水、灌溉水、农具、土壤中的水以及带菌的堆肥传播蔓延。

发病条件：病菌的菌丝直接侵入，破坏细胞组织。病菌发育的适宜温度为 13～42℃，最适温为 20～24℃，低于 12℃或高于 30℃生长均受到抑制，适宜土壤 pH 值为 3～9.5。幼苗生长衰弱、徒长或受伤，易受病菌侵染。当床温在 20～25℃时，湿度越大发病越重。温暖多湿，播种过密，浇水过多，造成床内闷湿，不利幼苗生长，都易发病。高温多雨，积水有利于发病；重茬田或前茬为花生田的发病也重。

四、防治措施

1. 苗床选择与床土消毒：选择地势高、地下水位低、排水良好的地块做苗床；育苗床土应选择无病新园土，并进行消毒处理。可用 70% 敌克松可湿性粉剂 1000 倍液等浇淋床土，也可以每平方米苗床施用 68% 金雷可湿性粉剂 8～10 克，50% 拌种双可湿性粉剂 6～8 克，25% 甲霜灵可湿性粉剂 9 克加 70% 代森锰锌可湿性粉剂 1 克，50% 多菌灵可湿性粉剂 8～10 克加等量的 70% 代森锰锌可湿性粉剂，兑 3～5 千克的细干土制成药土，施药前先把苗床底水打好，且一次浇透，水下渗后先将 1/3 充分拌匀的药土均匀撒施在苗床畦面上，播种后再把其余的 2/3 药土覆盖在种子上面。

2. 避免连作，搞好排灌系统，及时排出积水，降低田间湿度。合理密植，不偏施氮肥，增施磷、钾肥。畦面要平，严防大水漫灌。加强育苗期的地温管理，避免苗床地温过低或过湿，正确掌握放风时间及通风量大小。采用电热线育苗，控制苗床温度在 16℃左右，一般不宜低于 12℃，使幼苗茁壮生长。发生轻微沤根后，要及时松土，提高地温，待新根长出后，再转入正常管理。

3. 药剂防治：可在发病初期，即田间发现少量病苗后马上施药，可使用 90% 恶霉灵 1500 倍液，70% 甲基托布津 1000 倍液，60% 多菌灵盐酸水溶性粉剂 800 倍液，10% 苯醚甲环唑水分散粒剂 3000 倍液，50% 多菌灵可湿性粉剂 600 倍液，68.75% 银法利悬浮剂 600 ～ 800 倍液，68% 金雷可湿性粉剂 600 倍液，20% 丙硫咪唑可湿性粉剂 3000 倍液，3% 广枯灵水剂 600 倍液等，将药液喷施到植株根茎处，间隔 5 ～ 7 天，连续使用 1 ～ 2 次。

第十七节　黄瓜猝倒病

一、概述

猝倒就是突然跌倒，猝倒病又叫“绵腐病”，俗称“卡脖子”、“小脚瘟”、“掉苗”等。属于土传病害，病原为多种低等真菌，这些病菌以卵孢子或附在病株残体上的菌丝体潜伏在土壤中，可在土壤中长期存活，并且以有机质含量高的土壤中数量多，存活的时间也长。病原主要是瓜果腐霉和辣椒疫霉。不仅是黄瓜、西瓜、甜瓜、丝瓜等瓜类作物苗期的主要病害，也是其他类蔬菜苗期的主要病害。

瓜果腐霉（*Pythium aphanidermatum*（Eds.）Fitzp.）：菌丝发达，分枝繁茂，气生菌丝呈白色棉絮状。菌丝无色，无隔膜，粗 2.8 ～ 9.8 微米。菌丝与孢子囊梗区别不明显。孢子囊为膨大菌丝或瓣状菌丝、不规则菌丝组成，丝状或分枝裂瓣状，或呈不规则膨大，顶生或间生，大小 63～735 微米 ×4.9～22.6 微米，平均 236.9 微米 ×13.8 微米；出管长短不一，粗约 4.2 微米；泡囊球形，内含 6～26 个或更多的游动孢子；游动孢子肾形，侧生双鞭毛，13.7～17.2 微米 ×12.0～17.2 微米；休止孢子球形，直径 11.2～12.1 微米。藏卵器球形，平滑，多顶生，偶有间生，柄较直，直径 17～26（平均 23.7）微米。雄器袋状、宽棍棒状或屋顶状、玉米粒状或瓢状，间生或顶生，同丝生或异丝生，每一藏卵器有 1～2 个雄器，多为 1 个，授精管明显，11.6～16.9 微米 ×10.0～12.3 微米，平均 13.97 微米 ×11.28 微米。卵孢子球形，平滑，不满器，直径 14～22（平均 20.2）微米，壁厚 1.7～3.1（平均 2.59）微米，内含贮物球和折光体各一个。该菌在世界各地均有分布，寄主范围较广，可为害多种植物，包括冬瓜、丝瓜、苦瓜、哈密瓜、西葫芦、胡萝卜、菜豆、菠菜、马铃薯、玉米等，引起幼苗猝倒及成株根腐、茎腐、萎蔫和果腐等。

辣椒疫霉（*Phytophthora capsici* Leonian）：在 CA 上菌落呈放射状、絮状，气生菌丝中等到繁茂。菌丝形态简单，粗 3～10 微米。孢囊梗不规则分枝或伞形分枝，细长，粗 1.5～3.5 微米。孢子囊形态变化甚大，从近球形、卵形、肾形、梨形到长卵形、椭圆形和不规则形，40～80 微米 ×29～52 微米，平均 56.7 微米 ×42.2 微米；长宽比值为 1.4～2.7，平均 1.86；具明显乳突 1～3 个，乳突高 2.7～5.4 微米；孢子囊基部圆形或渐尖；孢子囊脱落后具长柄，柄长 17～61 微米；孢子囊成熟后直接萌发垣孢子，球形或不规则形，顶生或间生，直径 18～28 微米。藏卵器球形，直径 22～32（平均 26.1）微米，壁薄，一般厚 0.5～2.0 微米，平滑，柄多为棍棒状，少数为圆锥形。雄器球形或圆筒形，围生，无色，10～20 微米 ×9～14 微米，平均 12.9 微米 ×12.5 微米。卵孢子球形，直径 21～30（平均 24.6）微米；壁薄，0.5～2.5 微米，无色，平滑，不满器。该菌在我国已发展成为一个重要的植物病原菌，寄主范围较广，可侵染辣椒、番茄、甜瓜、南瓜、芦荟、橡胶等包括 4 科约 10 属植物。

二、表现症状

主要危害苗期黄瓜，尤其是2片子叶期的幼苗最易感病，3片真叶后发病较少。刚出土的幼苗染病，初始无明显病症，出苗后约5～7天，幼苗近地表的胚轴基部出现水渍状病变，而后变黄色，并迅速缢缩成线状，子叶中午萎蔫，早晚恢复，后期幼苗病部缢缩，往往子叶尚未凋萎，幼苗即突然猝倒，致幼苗贴伏地面，有时瓜苗出土胚轴和子叶已普遍腐烂，变褐枯死。最初多为零星发病，形成发病中心后，病情迅速蔓延，造成块状的成片倒伏。苗床湿度大时，在病苗或其附近床面上常密生白色棉絮状菌丝，别于立枯病；另外就是猝倒病小苗的叶子并没有萎蔫。猝倒病的发病时间较集中，且发病蔓延速度快，与立枯病也不同。病菌可侵染果实引致绵腐病。初期病部产生褪绿色水浸状斑，后迅速扩大，并软腐，病部产生白色茂密菌丝。它可以侵害多种蔬菜的幼苗，在有的年份还可以导致番茄、辣椒果实的腐烂。严重发生时幼苗成片死亡，甚至毁苗，延误定植时期。

三、发生规律

初侵染来源：病菌以卵孢子、菌丝体等随病残体在12～18厘米表层土壤中越冬。

发病条件：条件适宜时卵孢子萌发形成芽管直接侵入幼茎，或芽管形成孢子囊，孢子囊产生游动孢子，借雨水或灌溉水传播到幼苗上，从茎基部侵入。游动孢子休止后产生芽管侵入，孢子囊也可直接产生芽管侵入。高湿条件下，病菌可大量产生孢子囊和游动孢子进行再次侵染。土中营腐生生活的菌丝也可产生孢子囊和游动孢子，病菌在出苗前后便开始侵染幼苗，引起猝倒。除侵染幼苗外还可侵染近地面的茎基部和果实。该菌是一类腐生性很强而寄生性较弱的寄生菌，幼苗在子叶养分耗尽，而新根尚未扎实的这段时间，由于植株生长不良、抗病能力最差，而此时幼苗还没有木栓化，因此最容易感染猝倒病，而一旦木栓化以后，病菌便无法侵入。病菌侵入后，在皮层薄壁细胞中扩展，菌丝蔓延于细胞间或细胞内，后在病组织内形成卵孢子越冬。此病菌最适宜的生长温度为15～16℃，孢子囊和游动孢子形成适温为18～20℃，30℃以上病菌受到抑制，低于10℃时病菌不生长但存活，适宜发病地温10℃，低温对寄主生长不利，但病菌尚能活动。在低温高湿条件下易发病，在有水、有雨条件下传播快。低温往往导致猝倒病，尤其是当温度在15℃以下时，幼苗生长势弱，抗病能力差，更易得病。幼苗养分基本用完，新叶尚未长出之前是感病期。另外床土消毒不彻底、播种过密、光照不足、通风不良、浇水过多，不仅使地温降低，而且为病菌的发芽、侵入、生长和传播提供了极好的机会。

四、防治措施

1. 选留无病种子，播种前用杀菌剂加新高脂膜浸种，可用3000倍99%恶霉灵药液拌种。

2. 苗床的选择：选择地势高燥、背风向阳和排、灌方便的生茬地块作苗床，播种前要充分晒地，施足经过充分发酵腐熟的有机肥作基肥，有条件的在冬春茬黄瓜育苗时采用电热线温床、营养钵育苗。

3. 苗床消毒：同黄瓜黑星病。

4. 加强苗床管理：调节苗床温度，白天20～30℃，夜间15～18℃，在注意提高地温的同时，要降低土壤的湿度，防止湿度过大。做到苗床保温与防风协调进行，增加光照，培育壮苗。出苗后应适时中耕除草，促进根系发育、促苗加速生长成壮苗，并喷施新高脂膜保护幼苗；在生长期适时浇水、追肥，喷施促花王3号抑制枝梢疯长，促进花芽分化；在花蕾期喷施壮瓜蒂灵，增粗果蒂，促进果实发育，提高黄瓜品质。

5. 药剂防治：发病初期，要立即拔除发病植株，并用药剂防治。可选用72%普力克水剂500～800倍液，12%绿乳铜乳油600倍液，80%新万生可湿性粉剂600倍液，72%霉疫清可湿性粉剂800～1000倍液，75%百菌清可湿性粉剂500倍液，64%杀毒矾可湿性粉剂500～600倍液，每隔7天喷洒1次，连喷2～3次。

对于成片死苗的地方，进行药剂灌根处理。可用72%普力克水剂400倍液，55%多效瑞毒霉可湿性粉剂350倍液，20%甲基立枯磷乳油1000倍液，97%恶毒灵可湿性粉剂3000～4000倍液，每7天1次，连续灌根2～3次。

第十八节　黄瓜白绢病

一、概述

病原为齐整小核菌（*Sclerotium rolfsii* Sacc.），属半知菌亚门真菌。有性态为罗耳阿太菌（*Athelia rolfsii* (Curiz.)Tu. L. Kimbrough. ），为担子菌。病菌形成小菌核或产生担子及担孢子。菌丝无色或色浅，具隔膜，菌丝体在寄主上呈白色，辐射状，边缘明显，有光泽，菌丝体扭集在一起形成萝卜籽样小菌核。菌核初白色，后由淡黄色变为栗褐或茶褐色，表面光滑，球形或近球形，直径0.8～2.3毫米，似油菜籽。担子单胞，无色，棍棒状，其上着生4个无色的小梗，顶端着生担孢子。担孢子单胞，无色，倒卵形。病菌发育适温32～33℃，最高40℃，最低8℃，最适pH值5.9。

二、表现症状

主要危害近地面的茎基部或果实。茎部受害，初为暗褐色，其上长出白色绢丝状菌丝体，多呈辐射状，边缘明显。后期病部生出许多茶褐色萝卜籽样小菌核。根和近地面果实受害，湿度大时，菌丝扩展到根部四周，或靠近地表的果实，并产生菌核，植株基部腐烂后，致地上部茎叶萎蔫或枯死。

三、发生规律

初侵染来源：病原主要以菌核或菌丝体在土壤中越冬。

发病条件：条件适宜时菌核萌发产生菌丝，从寄主茎基部或根部侵入，潜育期 3～10 天，出现中心病株后，地表菌丝向四周蔓延。发病适温 30℃，特别是高温及时晴时雨利于菌核萌发。连作地、酸性土或砂性地发病重。

四、防治措施

1. 农业防治：每亩施用消石灰 100～150 千克，调节土壤酸碱度，以调节到中性为宜，或大量施用充分腐熟有机肥。采用高垄或高畦地膜覆盖栽培，控制病菌传播蔓延。发现病株病瓜，要及时清除，集中销毁，拉秧后及时彻底地清除病残组织并深翻土壤。

2. 药剂防治

发病初期，施用 40% 五氯硝基苯，或 15% 三唑酮可湿性粉剂，或 50% 利克菌可湿性粉剂 1 份，加细土 100～200 份，撒在病部根茎处。每隔 7～10 天撒药 1 次，共撒药 1～2 次。还可选用 15% 三唑酮可湿性粉剂，70% 甲基托布津可湿性粉剂 1000 倍液，15% 恶霉灵水剂 2000 倍液，50% 福美双可湿性粉剂 800～1000 倍液，喷雾或灌根。

发病后，每亩用培养好的哈茨木霉 0.2～0.25 千克，加 50 千克细土，混匀后撒覆在病株基部，能有效地控制病害发展。或用 40% 福星乳油 6000 倍液，10% 苯醚甲环唑水分散粒剂 1500 倍液，45% 特克多悬浮剂 1000 倍液，50% 甲基立枯磷可湿性粉剂 500 倍液，50% 敌菌灵可湿性粉剂 400 倍液，10% 多抗霉素可湿性粉剂 500 倍液喷浇病株根茎和邻近土壤。

第十九节　黄瓜煤污病

一、概述

病原为煤污尾孢（*Cercospora fuligena* Roldan），属半知菌亚门

真菌。子实层生于叶背呈铺展状，褐色多角形。子座不发达。分生孢子梗 2～7 根，成束，疏散或密生，粗短，稍弯曲，末端钝圆渐收缩呈一尖突，褐色，具 2 个隔膜。分生孢子棒状至鼠尾状，几乎无色，3～5 个隔膜或更多，但顶部钝圆而不尖削，基部稍膨大而末端渐尖细，脐痕明显。

二、表现症状

叶片上初生灰黑色至炭黑色煤污菌菌落，分布在叶面局部或叶脉附近，严重的病部叶肉坏死，叶片穿孔。

图 3-19-1 煤污病病叶

三、发生规律

初侵染来源：病菌以菌丝和分生孢子在病叶上或土壤内及植物残体上越冬，环境条件适宜时产生分生孢子，借风雨及蚜虫、介壳虫、白粉虱等传播蔓延。后又在病部产出分生孢子，成熟后脱落，进行再侵染。

发病条件：光照弱、湿度大的棚室发病重，多从植株下部叶片开始发病。高温高湿，遇雨或连阴雨天气，特别是阵雨转晴，或气温高、田间湿度大利于分生孢子的产生和萌发，易导致病害流行。

四、防治措施

1. 环境调控：保护地栽培时，注意改变棚室小气候，提高其透光性和保温性。露地栽培时，注意雨后及时排水，防止湿气滞留。

2. 及时防治介壳虫、蚜虫、白粉虱等害虫。

3. 药剂防治：发病初期，及时喷洒 50% 甲基硫菌灵·硫磺悬浮剂 800 倍液，或 40% 大富丹可湿性粉剂 500 倍液，50% 苯菌灵可湿性粉剂 1000 倍液，40% 多菌灵胶悬剂 600 倍液，50% 多霉灵可湿性粉剂 1500 倍液，25% 甲霜灵可湿性粉剂 500 倍液，每隔 7 天左右喷药 1 次，视病情防治 2～3 次。采收前 3 天停止用药。

第四章　细菌病害

细菌是原核生物，细菌性病害是由细菌侵染所致的病害，发病后期遇潮湿天气，在病害部位溢出细菌黏液，是细菌病害的特征。侵害植物的细菌都是杆状菌，大多数具有一至数根鞭毛，可通过自然孔口（气孔、皮孔、水孔等）、伤口侵入，借流水、雨水、昆虫等传播，在病残体、种子、土壤中过冬，在高温、高湿条件下容易发病。

细菌通过在细胞间繁殖，并分泌果胶酶，分解细胞组织的中胶层和细胞壁的果胶物质，增加细胞膜的透性，使细胞内的糖和可溶性物质外渗，给细菌的进一步繁殖创造条件，破坏细胞，使细胞离解，引起腐烂。

细菌性病害是一类比较难防治的病害，病原细菌大多是杆状菌，大小为 0.5～0.8 微米 ×1～5 微米，少数是球状。大多有鞭毛，着生在菌体一端或两端的称为极鞭；着生在菌体四周的称为周鞭。细菌鞭毛的有无、着生位置和数目是细菌分类的重要依据。革兰氏染色反应是细菌分类的重要性状。植物病原细菌革兰氏染色反应多为阴性，少数为阳性；依靠细胞膜的渗透作用直接吸收寄主体内的营养；以裂殖方式进行繁殖；可以在普通培养基上培养；大多数为好气性，少数为兼性厌气性；一般在中性偏碱的环境中生长良好。

第一节 黄瓜细菌性角斑病

一、概述

黄瓜细菌性角斑病在我国东北、内蒙古、华北及华东普遍发生，尤其是东北、内蒙古等保护地、露地和华北春大棚、露地发病严重，病叶率有时高达70%左右，不仅影响产量，而且降低品质，是黄瓜重要病害之一。病原为丁香假单胞杆菌黄瓜角斑病致病型（*Pseudomonas syringae* pv. lachrymans（Smith et Bryan.）Yong，Dye & Wilkie.），属薄壁菌门细菌，菌体短杆状，大小0.7～0.9微米×1.4～2.0微米，极生鞭毛1～5根，有荚膜，无芽孢，革兰氏染色阴性，发育适温25～28℃，4℃能生长，超过39℃不能生长，在49～50℃下经10分钟致死。除黄瓜外，还为害南瓜、丝瓜和甜瓜、西瓜、西葫芦、葫芦等。

二、表现症状

苗期和成株期均可发病，主要为害叶片和果实，也能为害茎蔓、叶柄和卷须，但以成株期叶片受害为主。苗期主要为害子叶，初期在子叶上产生水渍状病斑，近圆形，稍凹陷，扩大后呈黄褐色干枯，严重时幼苗干枯死亡。成株期叶片发病，初为鲜绿色针尖大小水渍状斑点，病斑中间呈灰白色、白色，病斑边缘呈淡褐色、黄褐色、褐色，病斑扩展受叶脉限制呈多角形，后期干燥时病斑中央干枯脱落成孔。连续高温阴雨天病害急性发生，病斑呈褪绿色、水浸状，雨滴冲击造成病部脱落，形成穿孔。叶背病斑为多角形，边缘水渍状或油浸状。清晨或湿度大时，叶背面病斑处可见乳白色菌脓，干燥时呈白色薄膜状（故称白干叶）或白色粉末状。茎和叶柄、卷须染病，病斑近圆形水渍状，后沿茎沟纵向扩展，呈淡灰色，严重时开裂腐烂，造成病部以上折断或萎蔫。瓜条染病，出现水浸状小斑点，扩展后为不规则或连片的病斑，湿度大时病部溢出大量污白色菌脓，干后表层残留白痕。病斑向瓜条内部扩展，沿维管束的果肉变色，发生严重时，整个瓜条变黄，腐烂，病瓜内产生大量菌脓。幼瓜条感病后腐烂脱落。病瓜可引起种子带菌，从而使幼苗倒伏死亡。

图 4-1-1 细菌性角斑病病叶正面

图 4-1-2 细菌性角斑病病叶反面

图 4-1-3 细菌性角斑病病叶反面

图 4-1-4 细菌性角斑病病瓜

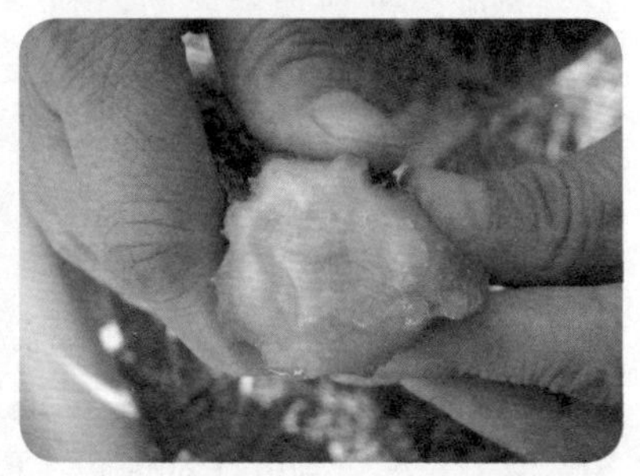

图 4-1-5 细菌性角斑病病瓜

细菌性角斑病初期症状易与霜霉病相混淆，二者主要区别为：①病斑大小不同：角斑病病斑比较小，一般直径为 4～8 毫米；霜霉病病斑比较大，一般直径为 10～16 毫米。②病斑颜色不同：角斑病病斑中部颜色比较浅，呈灰白色，病斑边缘色深，呈黄褐色，后期病部脱落造成穿孔；黄瓜霜霉病病斑颜色均匀、较深，呈黄褐色，病斑不穿孔。③叶子背面症状有差异：角斑病病斑周围油渍状明显，有时能见到分泌出的乳白色菌脓，而霜霉病病斑上则长有灰黑色的霉层。④危害部位也不同：角斑病除危害叶片外，严重时还危害叶柄、茎部、瓜条等，而霜霉病一般只危害叶片。

三、发生规律

初侵染来源：病菌附着在种子内外或随病残体在土壤中越冬，成为来年初侵染源，病菌存活期达 1～2 年。病瓜采种可造成种子种皮或种胚带菌，种子带菌可引起幼苗发病。土壤带菌，主要是土壤中的病残体带菌。种子或带菌种苗是病害远距离传播的主要途径。雨水飞溅、昆虫和农事操作等是近距离传播的主要途径，病菌从气孔、伤口、水孔等侵入到植株组织中引起发病。

发病条件：发病后通过风雨、昆虫和人的接触传播，进行多次重复侵染。在设施栽培中，病菌可借棚顶的水珠下落飞溅传播，以及灌溉水、昆虫及农事操作传播，反复侵染蔓延；昼夜温差大，结露重且持续时间长，有利于此病的侵入和流行。露地栽培时，高温、高湿，特别是暴风雨，利于病菌的传播和侵染，导致病害流行。排水不良，多年连茬，氮肥过多，钾肥不足，尤其是保护地栽培轮作困难，棚室内高温高湿，昼夜温差大，种植过密，均导致病害较重发生。高温多雨季节，地势低洼易积水，暴风雨后病害迅速发展，造成严重损失。

细菌性角斑病多发生在高温多雨季节，温度和湿度是角斑病发生的重要条件。该病发生的适宜温度是 24～28℃，适宜湿度是 70% 以上，相对湿度在 80% 以上叶面有水膜时极易发病，湿度愈大，病害愈重。病斑大小与湿度有关，夜间饱和湿度持续超过 6 小时，叶片病斑大。湿度低于85%，或饱和湿度时间少于3小时，病斑小。

四、防治措施

1. 选用抗病、耐病品种：津优1号、津育5号、津育301号、博杰30、津绿5号、春秋大丰、中农9号、中农12号、中农16号、中农19号、中农20号、中农21号、中农27号、中农106号、中农118号、中农203号等。

2. 种子消毒：选无病瓜留种，并进行种子消毒，用50℃的温水浸种20分钟，然后捞出放在凉水中泡4～6小时，再催芽播种；也可选用72%农用链霉素3000～4000倍液浸种2小时，40%福尔马林150倍液浸种1.5小时，100万单位硫酸链霉素500倍液浸种2小时，新植霉素3000倍液浸种30分钟，清水冲洗后催芽播种。也可将干燥的种子放入70℃温箱中干热灭菌72小时。

3. 无病土育苗：采用大田土育苗最好，以保证苗期不带苗，同时定植时以高畦覆盖地膜为好。

4. 与非瓜类作物实行2年以上轮作可大大减少土壤中的病菌，减轻角斑病危害。

5. 加强栽培管理：施足基肥，增施磷、钾肥，雨后做好排水，降低田间湿度。清洁田园，生长期及时清除病叶、病瓜，收获后清除病残株，深埋或烧毁。保护地栽培时要注意避免形成高温高湿条件，覆盖地膜，膜下浇水，小水勤浇，避免大水漫灌。上午黄瓜叶片上的水膜消失后再进行各种农事操作，避免造成伤口。

6. 药剂防治：可用72%农用链霉素可溶性粉剂4000倍液，新植霉素4000倍液，50%琥胶肥酸铜可湿性粉剂500倍液，50%甲霜铜可湿性粉剂600倍液，60%琥·乙磷铝可湿性粉剂500倍液，77%可杀得可湿性粉剂600倍液，30%氧氯化铜胶悬剂800倍液，2%农抗120水剂200倍液，50%甲霜铜可湿性粉剂600倍液，10%宁南霉素可溶粉剂750~1000倍液，2%春雷霉素水剂400～750倍液，加水2.5升，70%百菌通500～600倍液47%加瑞农可湿性粉剂500倍液，50%琥珀肥酸铜可湿性粉剂500倍液，高锰酸钾800～1000倍水溶液喷洒，交替使用，每隔7～10天一次，连续2～3次。

第二节　黄瓜细菌性缘枯病

一、概述

黄瓜细菌性缘枯病在部分地区和一些年份危害严重，病原为边缘假单胞菌黄瓜边缘叶斑致病变种（*Pseudomonas marginalis* pv. marginalis（Brown）Stevens）。病菌在普通洋菜培养基上菌落呈黄褐色，表面平滑，具光泽，边缘波状。细菌短杆状，极生鞭毛1～6根，无芽孢，革兰氏染色阴性。

二、表现症状

黄瓜细菌性缘枯病在我国北方局部地区的保护地内发生，低温季节最易发病。黄瓜地上部分均可染病，主要危害叶、叶柄、茎、卷须和果实。多从下部叶片开始发病。开始在叶片边缘水孔附近产生水浸状小斑点，逐渐扩大为带有晕圈的淡褐色至灰白色不规则形斑，周围有晕圈，严重时产生大型水渍状病斑，或由叶缘向叶中间扩展的“V”形斑，逐渐沿叶缘连接成带状枯斑。也有的病斑不在

图4-2-1 细菌性缘枯病病株

图4-2-2 细菌性缘枯病病叶

叶缘，而在叶片内部，呈圆形或近圆形，直径 5～10 毫米。病斑很少引起龟裂或穿孔，与健部的交界处呈水浸状，从而与其他病害加以区别。茎、叶柄和卷须上的病斑呈褐色水浸状。瓜条发病多由瓜柄处侵染，形成褐色水浸状病斑，瓜条黄化凋萎，失水后僵硬，空气湿度大时产生乳白色混浊黏液（即为菌脓）。带菌种子发芽后直接侵入子叶，引起幼苗发病。

三、发生规律

初侵染来源：病原菌在种子上或随病残体留在土壤中越冬，成为翌年初侵染源。病菌从叶缘水孔、皮孔等自然孔口侵入，靠风雨、昆虫、田间操作传播蔓延和重复侵染。

发病条件：病菌喜低温高湿的环境，最适发病环境温度为 8～20℃，相对湿度 95% 以上；通常在保护地早春低温期间发病，当棚室温度超过 25℃时病害即会受到抑制。此病的发生主要受降雨引起的湿度变化及叶面结露影响，叶面结露时间长，叶缘水孔吐水容易流行。我国北方在春、夏两季大棚相对湿度高，尤其每到夜里随气温下降，湿度不断上升至 70% 以上或饱和，且长达 7～8 小时，这时笼罩在棚里的水蒸气遇露点温度，就会凝降到黄瓜叶片或茎上，致使叶面结露，这种饱和状态持续时间越长，缘枯细菌病的水浸状病斑出现越多，有的在病部可见菌脓，经扩大蔓延，而引起病害流行。与此同时黄瓜叶缘吐水也为该菌活动及侵入和蔓延提供了有利条件。早春多阴雨、连作地、排水不良的田块发病重。栽培上种植期过早、定植过密、开棚通风少、肥水管理不当的棚室发病重。

四、防治措施

1. 种子消毒：用 55℃温水浸种 15 分钟，或用 70℃恒温干热灭菌 72 小时，也可用 40% 福尔马林 150 倍液浸种 1.5 小时，或次氯酸钙 300 倍液浸种 30 分钟，或 100 万单位硫酸链霉素 500 倍液浸种 2 小时，然后用清水洗净催芽播种。

2. 与非瓜类作物实行 2～3 年轮作。加强管理，生长期、收获后清除病叶、蔓，及时深耕。增施磷、钾肥，提高黄瓜植株抗病性。保护地栽培时，覆盖地膜，实行膜下浇水，及时清理水沟，防止雨后积水，加强通风排湿，降低湿度，防止叶面结露，或尽量缩短叶面结露时间，可控制病害发生。

3. 药剂防治：可喷新植霉素 5000 倍液，农用链霉素 200 毫升 / 千克溶液，60% 琥 · 乙膦铝可湿性粉剂 500 倍液，77% 多宁可湿性粉剂 600 倍液，77% 可杀得可湿性粉剂 400 倍液，50% 琥胶肥酸铜可湿性粉剂 500 倍液，50% 甲霜铜可湿性粉剂 600 倍液，50% 琥珀肥酸铜可湿性粉剂 500 倍液，78% 波 · 锰锌可湿性粉剂 500 倍液，50% 氯溴异氰尿酸可溶性粉剂 1200 倍液，60% 百菌通可湿性粉剂 500 倍液。5～7 天 1 次，连续喷 3～4 次，收获前 10 天停止用药。

第三节　黄瓜细菌性萎蔫病

一、概述

黄瓜细菌性萎蔫病又叫“黄瓜细菌性枯萎病”，病原为嗜维管束欧文氏菌（*Erwinia amylovora* var. tracheiphila（Smith）Dye，异名（E.*tracheiphila*(Smith) Bergey）。该病是系统性侵染的维管束病害，病菌由黄瓜条叶甲（*Diabrotiea vittata*）和黄瓜十二星叶甲（D. *duodecimpunctata*）传播。国内沈阳、山东德州等地有报道，近年浙江丽水地区、吉林长春已见发病。菌体杆状，单生或双生，不成链状，大小 1.2～2.5 微米 ×0.5～0.7 微米。具荚膜，无芽孢，周生 4～8 根鞭毛，革兰氏染色阴性，好气性或兼性嫌气性。在肉汁胨琼脂平面培养基上菌落呈圆形白色，光滑具光泽；在肉汁胨液中呈轻雾状，无菌环及菌膜，不能分解果胶，也不能液化明胶，能产生氨和硫化氢，不能还原硝酸盐，不产生吲哚。尿霉阴性，不能在 5% 食盐溶液中生长发育。病菌最适生长温度 25～30℃，最高

34～35℃，36℃不生长，最低8℃；43℃经10分钟致死。病菌除为害黄瓜外，还可侵染葫芦科香瓜属、南瓜属、西瓜属的植物。

二、表现症状

在嫁接黄瓜上发病快，自根栽培的较慢，苗期、成株期均可发病，开花结瓜期发病重。发病初期叶片上出现暗绿色水渍状病斑，茎部受害处收缩变细，两端呈水浸状，病部以上的蔓和枝杈及叶片首先出现萎蔫现象。该病扩展迅速，3～5天植株青枯死亡。剖开茎蔓用手捏挤，会从维管束的横断面上溢出白色菌脓，用小刀刀尖沾上菌脓轻轻拉开可把菌脓拉成丝状。果实受害，果面出现水浸状斑点，病部伴有菌脓溢出。导管一般不变色，根部也未见腐烂，别于镰刀菌引起的枯萎病。

三、发生规律

初侵染来源：种子带菌、肥料未充分腐熟、有机肥带菌或肥料中混有本科作物病残体的易发病。

发病条件：种植密度大、通风透光不好发病重，氮肥施用太多，生长过嫩，抗性降低易发病。土壤黏重、偏酸；多年重茬，田间病残体多；氮肥施用太多，生长过嫩；肥力不足、耕作粗放、杂草丛生，以上田块植株抗性降低，发病重。种子带菌、肥料未充分腐熟、有机肥带菌或肥料中混有本科作物病残体的易发病。阴雨天或清晨露水未干时整枝，或虫伤多，病菌从伤口侵入，易发病。地势低洼积水、排水不良、土壤潮湿、含水量大，易发病；早春温暖多雨或夏天连阴雨后骤晴，气温迅速升高时易发病；连续三天大雨或暴雨易发病。黄瓜条叶甲与黄瓜十二星叶甲等虫害发生量大的发病重。

四、防治措施

1. 选用抗病品种。

2. 播种前种子消毒：用50℃温水浸种20分钟，捞出晾干后催芽播种。还可用次氯酸钙300倍液浸种30～60分钟，或40%福尔马林150倍液浸种1.5小时，或72%农用硫酸链霉素可溶性粉剂500倍液+适量70%敌克松可湿性粉剂或50%福美双可湿性粉剂浸种4～8小时后，冲洗干净催芽、播种。

3. 和非本科作物轮作，水旱轮作最好。播种前或移栽前，或收获后，清除田间及四周杂草，集中烧毁或沤肥；深翻地灭茬，促使病残体分解，减少病原和虫原。

4. 药剂防治：开展预防性药剂防治，于发病初期或蔓延开始期喷洒27%铜高尚悬浮剂600倍液，50%甲霜铜可湿性粉剂600倍液，53.8%可杀得2000干悬浮剂1000倍液，50%琥胶肥酸铜可湿性粉剂500倍液，60%琥·乙膦铝可湿性粉剂500倍液，77%可杀得可湿性粉剂500倍液，连续防治3～4次。此外也可选用72%农用硫酸链霉素可溶性粉剂4000倍液。

第四节　黄瓜细菌性软腐病

一、概述

病原为胡萝卜软腐欧文氏菌胡萝卜软腐致病变种（*Erwinia carotovora* subsp. Carotovora（Jones）Bergey et al.）。菌体短杆状，大小1.2～3.0微米×0.5～1.0微米，周生鞭毛2～8根，无荚膜，不产生芽孢，革兰氏染色阴性。在PDA培养基上菌落呈灰白色，变形虫状，可使石蕊牛乳变红，明胶液化。

二、表现症状

该病主要危害果实，也危害茎蔓。此病多由伤口引起。主要发生在采收后运输、贮藏过程中，染病瓜先在病部产生褪绿圆斑，病斑周围有水渍状晕环，扩大后渐凹陷，病部发软，渐扩大，内部软腐，表皮破裂崩溃，从内向外淌水，整个果实腐败分解，散发出臭味。病蔓断面流出黄白色菌脓。

三、发生规律

初侵染来源：病菌随病残体在土壤中越冬。条件适宜借雨水、浇水、棚内湿度传播，由伤口或自然裂口侵入，靠接触传播蔓延。

发病条件：病菌侵入后分泌果胶酶溶解中胶层，导致细胞组织崩溃离析，细胞内水分外溢，引起果实和茎蔓腐烂。病菌发育适温 2～40℃，最适温度 25～30℃。50℃经 10 分钟致死，适应 pH5.3～9.3，最适 pH7.3。不耐光或干燥，在日光下曝晒 2 小时，大部分死亡，在脱离寄主的土中只能存活 15 天左右，通过猪的消化道后则完全死亡。黄瓜生长中后期降雨多，大水漫灌，使用氮肥过量，病害发生严重。种植密度大，株、行间郁蔽，通风透光不好，发病重，氮肥施用太多，生长过嫩，抗性降低易发病。土壤黏重、偏酸；多年重茬，田间病残体多；肥力不足、耕作粗放、杂草丛生，以上田块，植株抗性降低，发病重。种子带菌、肥料未充分腐熟、有机肥带菌或肥料中混有本科作物病残体的易发病。地势低洼积水、排水不良、土壤潮湿易发病；高温多雨天气及高湿条件，叶面结露、叶缘吐水发病重。

四、防治措施

1. 选无病瓜留种，并进行种子消毒。可用 55℃温水浸种 15 分钟，或用 72% 农用硫酸链霉素可溶性粉剂 500 倍液加适量 70% 敌克松可湿性粉剂或 50% 福美双可湿性粉剂浸种 4～8 小时后，冲洗干净催芽、播种。

2. 及时清除病果和植株病残体。合理施肥，基施和冲施氮肥切勿过量。小水勤浇，避免干湿交替，减少生理伤口。避免田间积水，加强通风管理，防止棚室内湿度过高。

3. 预防可选用细菌原粉，每袋兑水 30～45 千克，间隔 5～7 天预防一次，也可以细菌原粉 + 蔓枯原粉 + 霜疫立净综合防治，此三种药混合，间隔 5～7 天预防一次，瓜类作物一般不得病。发病后可喷洒 50% 琥胶肥酸铜可湿性粉剂 500 倍液，30% 绿得保胶悬剂 400 倍液，77% 可杀得可湿性粉剂 500 倍液，隔 7～10 天 1 次，连续防治 2～3 次，采收前 3 天停止用药。

第五节　黄瓜细菌性圆斑病

一、概述

又叫“黄瓜细菌性叶枯病”、“黄瓜细菌性叶斑病”，该病在黑龙江（1989 年）、吉林（1991 年）有相关报道。病原为野油菜黄单胞菌黄瓜致病变种 (黄瓜细菌斑点病黄单胞菌)（*Xanthomonas campestris* pv. *cucurbitae* (Bryam) Dye），异名（X. *cucurbitae* (Bryan) Dowson）。菌体两端钝圆杆状，单生、双生或链生，有荚膜，无芽孢，大小 1.0～1.5 微米 ×0.5～0.6 微米。在肉汁胨琼脂平面上菌落呈圆形，黄色，具光泽，表面隆起光滑，边缘整齐，透明；在肉汁胨液中生长呈云雾状，无菌环。细菌生长适温 25～30℃，36℃能生长，40℃以上不能生长，49℃经 10 分钟致死。该病菌除侵染黄瓜外，还可侵染西瓜、西葫芦等葫芦科植物。

二、表现症状

主要为害叶片，也为害幼茎或叶柄。叶片染病幼叶症状不明显，成叶叶片上初现水渍状小斑点，逐渐扩大呈近圆形或多角形病斑，病斑处叶面凸起，变薄，白色、灰白色、黄色或黄褐色，病斑中间半透明，病斑边界不明显，具黄色晕圈，有时菌脓不明显，有时在叶片背面有白色干菌脓。发病严重的病斑可布满整个叶片，大小 1～2 毫米，病斑有联合现象，甚至整片叶干枯死亡。幼茎染病，病茎开裂。苗期生长点染病，多造成幼苗枯死。卷须染病，首先形成水渍状小点，继而折断枯死。果实染病，在果实上形成圆形灰色斑点，其中有黄色干菌脓，似痂斑。大部分发生在中下部功能叶片上；叶片发病，部分植株带有系统性。病菌除为害黄瓜外，还可侵染西瓜、西葫芦等。

三、发生规律

初侵染来源：主要通过种子带菌传播蔓延，或随病株残体在土壤中越冬，但在土壤中存活非常有限，病菌存活期达 1～2 年。

发病条件：借助雨水、灌溉水或农事操作传播，通过气孔、水孔或伤口侵入植株。叶片染病后，病菌在细胞内繁殖，而后进入维管束，传播蔓延。用带菌种子播种后，种子萌发时即侵染子叶，病菌从伤口侵入的潜育期常较从气孔侵入的潜育期短，一般 2～5 天。发病后通过风雨、昆虫和人的接触传播，进行多次重复侵染。棚室栽培时，空气湿度大，黄瓜叶面常结露，病部菌脓可随叶缘吐水及棚顶落下的水珠飞溅传播蔓延，反复侵染，因此，当黄瓜吐水量多，结露持续时间长，有利于此病的侵入和流行。露地栽培时，随雨季到来及田间浇水，病情扩展，北方露地黄瓜 7 月中下旬达高峰。病菌喜低温高湿的环境，适宜发病的温度范围为 3～30℃；最适发病环境温度为 8～20℃，相对湿度 95% 以上；发病最适生育期在苗期至成株期。发病潜育期 7～15 天。相对湿度在 80% 以上，叶面有水膜时极易发病。本病通常只在早春低温期间发病，当棚室温度超过 25℃时病害即会受到抑制。

四、防治措施

1. 选用抗病品种。

2. 种子消毒。选无病瓜留种，并进行种子消毒。可用 55℃温水浸种 15 分钟，或冰醋酸 100 倍液浸 30 分钟，或 40% 福尔马林 150 倍液浸种 1.5 小时，或次氯酸钙 300 倍液浸种 30～60 分钟，或 100 万单位农用链霉素 500 倍液浸种 2 小时，用清水洗净药液后再后催芽播种。也可将干燥的种子放入 70℃温箱中干热灭菌 72 小时。

3. 用无病菌土壤育苗，清洁土壤，与非瓜类蔬菜实行 2 年以上轮作。生长期及收获后清除病残组织，带到田外深埋。

4. 加强管理。保护地栽培时要注意避免形成高温高湿条件，覆盖地膜，膜下浇水，小水勤浇，避免大水漫灌，降低田间湿度。上午黄瓜叶片上的水膜消失后再进行各种农事操作。避免造成伤口。

5. 药剂防治。发现病叶及时摘除，而后可选用以下药剂喷洒：30% 琉胶肥酸铜可湿性粉剂 500 倍液，60% 琥·乙磷铝可湿性粉剂 500 倍液，50% 甲霜铜可湿性粉剂 600 倍液，2% 春雷霉素水剂 400～750 倍液，77% 可杀得可湿性粉剂 400 倍液，70% 百菌通 500～600 倍液，72% 农用链霉素可溶性粉剂 3000 倍液，新植霉素 4000 倍液，47% 加瑞农可湿性粉剂 500 倍液，50% 琥珀肥酸铜可湿性粉剂 500 倍液，高锰酸钾 800～1000 倍水溶液。

第五章 黄瓜病毒病害

植物病原病毒是仅次于真菌的一类重要病原物，1995年报道，植物病毒分为9个科，47个属，共729个种。植物病毒在危害程度和数量上，其重要性都超过细菌性病害，占植物病害的第二位，防治上比其他病害困难。

病毒是无细胞结构的专性寄生物，其结构简单，由核酸、蛋白质或其复合体构成，故称分子寄生物。寄生于植物的称为植物病毒。病毒比细菌更小，必须用电子显微镜才能观察到它的形态。形态完整的病毒称作病毒粒体。高等植物病毒粒体主要为杆状、线条状和球状等。其繁殖方式为复制增殖。病毒作为活体寄生物，在其离开寄主细胞后，会逐渐丧失侵染力。不同种类的病毒对各种物理化学因素的反应有差异。

黄瓜病毒病的发生往往是由一种或几种病毒复合侵染造成，侵染黄瓜的病毒主要有8种：黄瓜花叶病毒（Cucumber mosaic virus, CMV）、西瓜花叶病毒（WMV，原WMV-2）、烟草花叶病毒（Tobacco mosaic virus, TMV）、黄瓜绿斑花叶病毒（Cucumber green mottle mosaic virus, CGMMV）、西葫芦黄化花叶病毒（ZYMV）、西葫芦黄斑病毒（ZYFV）、摩洛哥西瓜花叶病毒（MWMV）、番木瓜环斑病毒西瓜株系（PRSV-W，原WMV-1）。植株染病均为系统侵染，病毒可以到达除生长点以外的任何部位。叶片染病出现斑驳、花叶、皱缩、畸形、黄化、枯死等症状，重病植株节间短缩、簇生小叶、不结瓜，严重的整株萎缩枯死。瓜条发病现浓绿色花斑及瘤状突起，引起果实畸形，影响商品价值。生产中能导致黄瓜病毒病的主要致病毒源以CMV和WMV为主，有时为2～3种病毒的复合侵染；CGMMV 目前也有蔓延之势。

第一节　黄瓜花叶病毒病

一、概述

黄瓜花叶病毒（Cucumber mosaic virus，CMV）属雀麦花叶病毒科，黄瓜花叶病毒属，是世界上分布最广的植物病毒之一。CMV 病毒粒体为近球形的 20 面体，直径 28～30 纳米；为单链 RNA 病毒；不耐干燥，寄主干燥 72 小时后便失去活性，钝化温度为 55～70℃，体外存活期 3～4 天，稀释限点 10^{-3}～10^{-6}。CMV 株系繁多，已经报道的株系或分离物就有 100 多个，CMV 的寄主十分广泛，它能侵染 85 科 1000 多种植物。且常与其他病毒复合侵染，使病害症状复杂多变。在指示植物普通烟、心叶烟及曼陀罗上呈系统花叶，在黄瓜上也呈系统花叶。

二、表现症状

为系统感染，整个生育期均可感病。黄瓜花叶病毒病的症状因品种抗性、植株生长阶段、侵染后环境条件等不同而表现多样。叶片表现斑驳、花叶、黄化、皱缩甚至出现蕨叶。苗期染病子叶变黄枯萎，幼叶染病现浓、淡绿相间的花叶斑驳。成株染病开始嫩叶呈黄绿相间状花叶，有明脉，后病叶绿色部分呈瘤状突起，严重时叶片皱缩、反卷，质脆。有时绿色瘤状突起沿叶脉两侧分布，或布满叶片，叶片皱缩；有时叶片大部分褪绿或黄化，绿色瘤状突起较少，叶片生长受抑制，严重时叶片萎缩枯死；有时新叶无法正常展开，而后变细皱缩成蕨叶状，叶缘向内卷曲，多变成鸡爪状。植株节间缩短、矮化，重病株茎弯曲，上簇生小叶，不能结瓜，导致萎缩枯死。瓜条染病，出现深、浅绿相间状斑块，刺瘤变少，果面产生绿色瘤状突起，凹凸不平，瓜条畸形。

生长点受到严重抑制，植株达不到正常的生长高度。

图 5-1-1 CMV 病叶

图 5-1-2 CMV 病叶

图 5-1-3 CMV 病叶

图 5-1-4 CMV 病叶

图 5-1-5 CMV 病叶

图 5-1-6 CMV 病瓜

图 5-1-7 CMV 病株

三、发生规律

黄瓜花叶病毒主要在多年生宿根杂草和冬茬菠菜、芹菜、油菜上越冬，成为下年初侵染源。当春季杂草发芽后，多种蚜虫如桃蚜、瓜蚜、棉蚜、菜缢管蚜等开始活动或迁飞，成为主要传播媒介，进行非持久性传播，也可由汁液接触传播，少数可由土壤带毒而传播。一般认为黄瓜种子不带毒，也有研究表明 CMV 可经黄瓜种子传播，带毒部位为种皮和种胚。带毒率分别为 0.22% 和 0.11%。大约 75 种蚜虫均能传毒，蚜虫发生于 4～11 月间，活动十分活跃。因而，花叶病从春季到秋季均有发生，以夏季为多，秋季保护地栽培也是黄瓜花叶病毒病的高发期。作物在生长初期染上花叶病，危害十分严重。发病适温 20℃，气温高于 25℃多表现隐症，光照利于发病。病害发生的严重程度与品种的抗病性有关，此外播种后感病时期与蚜虫的迁飞高峰期相遇发病重。

四、防治措施

1. 选用抗病毒病品种：津春 4 号、津春 5 号、津优 1 号、津优 4 号、津优 10 号、津优 12 号、津优 40 号、津优 48 号、津优 401 号、津优 407 号、津优 408 号、津优 409 号、中农 12 号、中农 21 号、中农 28 号、中农 106 号、京研 207 号等品种均较抗病。

2. 加强田间管理，培育壮苗，适期早定植。搞好田间卫生，及时铲除田间杂草，清除上茬作物残体。采用配方施肥技术，多施磷、钾肥，避免氮肥过剩。合理浇水，促进生长，提高植株抗病能力。

3. 避病栽培：秋季栽培，适当延迟播期，错过蚜虫迁飞时间（如：北京地区 7 月下旬至 8 月上旬是有翅蚜迁飞扩散高峰期，这段时间播种易得病毒病）。

4. 种子消毒：用清水浸种 3～4 小时，然后再放入 10% 的磷酸三钠溶液中浸泡 40～50 分钟，捞出后用清水冲洗再催芽播种；也可用 0.1% 的高锰酸钾浸种 30 分钟。

5. 张挂防虫网：棚室开风口处覆盖防虫纱网，避免有翅蚜进入棚室。覆盖银灰色避蚜纱网或挂银灰色尼龙膜条避蚜，或进行“黄板诱蚜”（在棚室内悬挂黄色木板或纸板，其上涂抹机油，吸引蚜虫并将其粘住）。

6. 药剂防治：

从苗期开始喷药防蚜。可选用 10% 联苯菊酯乳油 1000 倍液，20% 灭扫利乳油 3000 倍液，2.5% 高效氯氟氰菊酯乳油 3000 倍液喷雾防治，重点喷洒叶背面和嫩叶等蚜虫隐蔽处。或用异丙威等烟雾剂进行熏药防治。

在发病初期，立即喷施病毒钝化剂，控制病情的发展。发病初期喷 1∶100～150 生豆浆，1.5% 植病灵乳剂 1000 倍液，83 增抗剂 100 倍液等，可以控制病情发展。还可喷 20% 病毒 A 可湿性粉剂 600 倍液，20% 毒病灵可湿粉 600 倍液，1.5% 植病灵乳油 1000 倍液等，每隔 5～7 天喷 1 次，连续 2～3 次。

7. 另外用黄瓜花叶病毒的卫星病毒 S52 处理幼苗，可提高植株的免疫力。将上述制剂稀释 100 倍，用少许金刚砂摩擦叶片造成小伤口，而后滴上稀释液即可。还可喷施 83 增抗剂 100 倍液，共喷 3 次，定植前 15 天 1 次，定植前 2 天 1 次，定植后再喷 1 次，可钝化病毒。

第二节　西瓜花叶病毒病

一、概述

西瓜花叶病毒（Watermelon mosaic virus，WMV）属于马铃薯Y病毒属，世界各地均有分布，严重发生时可导致绝产，造成很大的经济损失。WMV为单链正义RNA，病毒粒体呈线状，长约750纳米，钝化温度为50～60℃，稀释限点10^{-3}～10^{-5}，体外存活期为6～18天。WMV除了黄瓜和其他葫芦科植物之外，还可以寄生于豌豆、蚕豆、红心藜秋葵及芝麻等作物，但与CMV相比，寄生范围小得多，可侵染葫芦科、豆科、锦葵科、藜科等27科170多种植物。

二、表现症状

最初，叶脉微透明，随后，叶脉间出现黄色斑，叶脉两侧呈叶脉绿带状。因品种不同，有时可在叶脉上形成灰褐色至棕褐色坏疽斑，脉间部位枯死脱落。果实表面出现黄色斑，与黄色部分凹陷的CMV相比，花叶症状更为明显。有时，果实顶端叶片变细。主要症状表现为花叶、畸形、疱斑、新生叶片扭曲、植株矮化、果实畸形。瓜蔓带毒可传到果实，使果实僵缩。对寄主结构进行超微观察可以发现受WMV侵染的植株细胞膜受到严重破坏，细胞质外渗，电导率增加，叶绿体、线粒体的膜结构明显受损。由于基粒片层的崩溃，叶绿体大量降解，使得表型上出现褪绿的现象。

三、发生规律

一般认为该病毒在豌豆、蚕豆等越冬性豆类植物上越冬的可能性较大。WMV可通过多种蚜虫以非持久性方式传播，也可通过机械方式传播。也有种子侵染，但无土壤侵染。

四、防治措施

1. 选用抗病品种：津春 4 号、津春 5 号、津优 1 号、中农 8 号、中农 16 号、中农 18 号、中农 20 号、中农 21 号、中农 26 号、中农 28 号、中农 31 号、中农 106 号、中农 116 号等。

2. 曾发病的苗床、大棚及露地有土壤传染的可能性，在几年内最好不要栽培葫芦科作物，与番茄和茄子等对该病具有免疫性的作物轮作。

3. 加强管理，培育壮苗，及时追肥、浇水，防止植株早衰。在整枝、绑蔓、摘瓜时要先“健”后“病”，分批作业。接触过病株的手和工具，要用肥皂水洗净。清除田间杂草，消灭毒源，切断传播途径。一旦发现病株，应立即剔除烧毁，以防蔓延。收获结束后，应将根全部挖出，同覆盖物一起用秸秆集中烧毁。支架应消毒或者更换使用。

第三节　黄瓜烟草花叶病毒病

一、概述

烟草花叶病毒（Tobaco mosaic virus，TMV）是单链正义 RNA 病毒，粒体为直螺旋杆状，直径 18 纳米，长 300 纳米，外壳蛋白绕 RNA 排列，螺距为 2.3 纳米，每 3 个核苷酸结合一个蛋白亚基，每一圈有 49 个核苷酸和 16.33 个蛋白亚基，其 RNA 的基本螺旋为右旋。TMV 对外界环境的抵抗力强，体外存活期一般在几个月以上，在干燥的叶片中可存活 50 年以上，稀释限点 10^{-4}～10^{-7}，当病毒稀释 100 万倍时，仍有侵染能力，钝化温度 90℃左右。TMV 是一种世界范围内广泛分布发生的病毒病害，有着非常广泛寄主范围，侵染寄主达 30 个科，310 多种植物。TMV 不但严重危害烟草，也能危害马铃薯、辣椒、茄子、番茄、龙葵等茄科植物，还能侵染豆科、十字花科、马齿苋科、菊科、葫芦科、车前科、唇形科等36科的200多种植物。既能侵染双子叶植物，也能侵染单子叶植物。

二、表现症状

黄瓜烟草花叶病毒病常与黄瓜花叶病毒病、西瓜花叶病毒病混合发生。

三、发生规律

主要通过接触汁液摩擦传染及植株间的接触、花粉或种苗传播。只要寄主有伤口即可侵入。可在多种植物上越冬，也可以附着在残留种皮的果肉上，附在种子上的瓜屑也能带毒，土壤中的病残体和残存在土壤中的病毒、越冬寄主残体均可成为该病的初侵染源。但蚜虫不能传毒。可通过各种农事操作，如移苗、绑蔓、整枝、打杈以及操作人员的手、衣服、工具等带毒媒介传毒。病叶与健叶相互摩擦，只要叶片上的绒毛稍有损伤，病毒就可以传进去。种子带毒也是很重要的，当发芽时，胚根接触带毒的果肉，即可被传染上。一般春末夏初发病率较高。

四、防治措施

防治参考黄瓜花叶病毒病和西瓜花叶病毒病。

第四节　黄瓜绿斑花叶病毒病

一、概述

黄瓜绿斑花叶病毒 (Cucumber green mottle mosaic virus，CGMMV) 是世界上许多国家和地区葫芦科作物上的重要检疫性病毒。我国2005年在辽宁中部地区首次发现CGMMV侵染西瓜，造成严重损失，2006年我国农业部将CGMMV确定为全国农业植物检疫性有害生物。该病具有高致病性，传播速度快，难以防治，一旦蔓延，将会对瓜类生产造成毁灭性的损失。一般损失 15%～30%，严重的造成绝收。我国主要以西瓜受害最为普遍和严重，广东、广西、上海等地黄瓜上也曾检测到该病毒。

该病毒属于 +ssRNA 目、芜菁花叶病毒科、烟草花叶病毒属，是正单链 RNA 病毒，病毒粒体为杆状，粒子大小 300 纳米 ×15 纳米，无包膜。超薄切片观察，细胞中病毒粒子排列成结晶形内含体。该病毒稳定性极强，钝化温度为 80～90℃（10 分钟），稀释终点为 10^{-6}，体外保毒期为 240 天以上（20℃）。CGMMV 的寄主范围较窄，自然侵染对象主要是葫芦科作物的黄瓜、西瓜、甜瓜、瓠子、南瓜、丝瓜、苦瓜等。CGMMV 可以分为 6 个株系。有些株系可以通过血清学以及在苋色藜和曼陀罗及其他一些植物上不同的反应来区别，主要的株系有：

①典型株系：即黄瓜绿斑驳花叶病毒，英国和欧洲有报道。在果实上通常不引起症状，只在一定条件下在苋色藜上引起少量局部枯斑。在曼陀罗和矮牵牛上不侵染。

②黄瓜桃叶珊瑚花叶株系：英国和欧洲有报道，印度也有类似株系的报道。在果实上可以引起显著的症状，在苋色藜上引起局部枯斑，而在曼陀罗上没有该症状。

③西瓜株系：日本有记载，在苋色藜上引起局部枯斑，而在曼陀罗上没有该症状。

④日本黄瓜株系：日本有记载，在黄瓜上引起严重的果实畸形，在曼陀罗上引起局部枯斑，但苋色藜上没有症状。

⑤洋东株系：在日本洋东的黄瓜品种上有记载。引起黄瓜果实畸形，在苋色藜、曼陀罗和矮牵牛上引起局部枯斑。

⑥印度株系：在印度葫芦科植物上有记载，引起泡斑、矮化和产量降低，在苋色藜上引起局部枯斑，在接种曼陀罗的叶片上不表现症状，不侵染烟草和矮牵牛。

CGMMV 为害黄瓜可使叶片产生色斑、水泡及变形，造成植株矮化，受感染的果实通常没有症状，但有些株系可造成果实发生严重的色斑和变形，有些亚洲株系在叶片上不出现症状，却造成产量下降，CGMMV 为害黄瓜，可导致产量损失 15% 左右。

二、表现症状

在黄瓜上主要表现为系统侵染，在黄瓜最初新叶上出现黄色小斑点，随后逐渐发展为花叶、斑驳和浓绿泡状突起等症状，叶片变形，叶脉间褪色呈绿带状。植株矮化，结果延时，果实大部分黄化或变白并产生墨绿色水疱状的坏死斑，产量减少，严重时不能结果，甚至导致绝产。

从叶片症状表现，黄瓜绿斑花叶病症状分绿斑花叶和黄斑花叶两种类型。

绿斑花叶型：苗期染病幼苗顶尖部的 2～3 片叶子现亮绿或暗绿色斑驳，叶片较平，产生暗绿色斑驳的病部隆起，新叶浓绿；有时新叶产生黄色小斑点，后逐渐发展成斑驳、花叶和浓绿泡状突起，叶片畸形；有时黄色小斑点沿叶脉扩展成星状，或脉间褪色，叶脉呈绿带状，植株往往矮化，绿色部分隆起成瘤状。后期叶脉透化，叶片变小，引起植株矮化，叶片斑驳扭曲，呈系统性传染。果梗部发病常出现褐色坏死斑。瓜条染病现浓绿斑和隆起瘤状物，畸形。果皮与果肉之间出现油渍状深色病变，而种子周围形成暗紫红色油渍状空洞。果实中心纤维质呈深色，向果肉内部条状聚集，严重时，变色部位软化溶解，呈脱落状，致果实成为畸形瓜，影响商品价值，严重的减产 25% 左右。

黄斑花叶型：中上部叶片在叶脉间出现褪绿色小斑点，后发展成鲜黄色星状疱斑，稍畸形，病株稍矮化，老叶近白色，叶片硬化，向背面卷曲，叶脉仍保持绿色。病果上出现黄色或银色条纹和小斑点，高温下尤为突出。

图 5-4-1 CGMMV 发病叶

图 5-4-2 CGMMV 发病叶

图 5-4-3 CGMMV 发病叶

三、发生规律

初侵染来源：病毒在种子上和土壤中越冬，成为翌年发病的初侵染源。种子带毒是 CGMMV 远距离传播的主要侵染源，收获后 1 个月黄瓜种子的种传率为 8%，保存 5 个月则下降至 1%。利用带毒砧木进行嫁接，常造成种植区 CGMMV 的广泛发生。含病残体的土壤，病毒可借灌溉水、土壤中的霉菌、农事操作等方式进行传播，有报道说黄瓜叶甲（*Raphidopalpa fevicolis*）可传毒。黄瓜绿斑驳花叶病毒稳定性很强，在种子内可存活 8～18 个月，在土壤中存活 14 个月后仍有致病能力。

发病条件：病毒通过种子、种苗带毒，或农事操作造成伤口导致病毒侵染，病毒在植株体内不断增殖，导致病害发生。病株中病毒浓度极高且极为稳定，所有田间作业如嫁接、整枝、绑蔓、摘心、授粉、采收、叶片摩擦等均可传播，接触到病株汁液的植株 7～12 天可发病，造成多次再侵染。发病受温度影响，在 16℃时发病要 2～3 周，病症亦轻，在 28～35℃下接种 1 周即可发病，病症亦重。有资料报道病毒通过猪的消化器官仍保持致病性，非常顽强。田间遇有暴风雨造成枝叶互相摩擦或锄地时造成伤根都是侵染的重要途径，田间或棚室高温发病重。土壤黏重、氮肥施用太多、耕作粗放、杂草丛生的田块易发病。

四、防治措施

1. 选用抗病毒品种和抗病砧木。

2. 加强检疫：不能从疫区引种栽培用和砧木用种子或种苗。

3. 种子消毒：经 70℃、3 天热处理可使种子中的病毒失活。干热消毒处理时，首先要预热处理，选好的种子要经过 24 小时徐徐升温，通风干燥，水分降到 4%～5%，然后再经过 50～60℃、60 小时，再经过 72℃、72 小时，水分降到 1.5% 左右。经过包衣的种子尽量不用干热处理，以免受害。用 0.5%～1.0% 盐酸、0.3%～0.5% 次氯酸钠，或 10% 磷酸三钠溶液浸泡种子 10～20 分钟可使病毒失活。

4. 轮作倒茬：与非葫芦科作物轮作 3 年以上。

5. 清洁田园、土壤处理：利用溴甲烷 40～80 克每平方米进行土壤消毒，具有较好的消毒效果。可用消石灰消毒，0.2 千克每平方米均匀撒施后耕地，使茎叶等病残体快速分解。对连作土壤进行 90℃以上蒸汽消毒。

6. 卫生栽培措施：对使用过的支柱等栽培资材用 10% 磷酸三钠液清洗消毒，手及作业工具用 10% 磷酸三钠液或肥皂水洗涤。加强田间管理，苗期发现疑似病毒症状的，要立即拔除，集中销毁，农事操作注意减少植株碰撞，中耕时减少伤根，浇水要适时适量，防止土壤过干。无论是砧木或接穗，都要选择无斑驳、花叶的健株，嫁接时要注意消毒，避免接触传染。增施肥料，增强抵抗力，促进植株生长。

7. 化学防治：20% 吗啉胍 · 乙酮可湿性粉剂 500～700 倍液喷雾，共使用 2～3 次。也可用三氮唑盐酸吗啉胍 32% 水剂 800～1200 倍液，或者 50% 氯溴异氰尿酸可溶性粉剂 1200 倍液。

第六章　黄瓜线虫病

线虫是一种低等动物，属无脊椎动物的线形动物门的线虫纲，数量多、分布广。植物线虫的危害仅次于真菌、细菌和病毒。许多线虫还能传带其他病原物，或造成伤口，或使植株长势下降，有利于其他病原物的侵入和为害。植物寄生线虫体形为细长的圆筒形，两端尖，形如线状，故名线虫。大多数为雌雄同形，少数雌雄异形，雌虫洋梨形或球形。长约 0.5～1 毫米，宽 0.03～0.05 毫米左右。线虫虫体通常分为头、颈、腹、尾四部分。头部口腔内有口针，用以穿刺植物输送唾液，吮吸汁液，线虫的外部为体壁，内部是体腔。体壁是由角质膜和肌肉所组成，体腔内有消化系统、生殖系统、神经系统。排泄系统不发达，没有循环系统和呼吸系统。

侵染黄瓜的线虫主要有南方根结线虫和真滑刃线虫。

第一节　黄瓜根结线虫病

一、概述

据报道引起黄瓜根结的线虫主要有南方根结线虫（*Meloidogyne incognita* Chitwood）、花生根结线虫（*M.arenaria*）、北方根结线虫（*M.hapla*）、爪哇根结线虫（*M.javanica*）。我国各地均有黄瓜根结线虫发生的报道，病原以南方根结线虫（*M. incognita* Chitwood）为主。

近年来，在保护地栽培中由于长年连作，黄瓜根结线虫病发生日趋严重。由于病原线虫寄主范围广，病原在土壤中存活，防治难度大，给黄瓜生产带来很大损失，一般减产 20%～30%，严重时绝收，是黄瓜的重要病害。南方根结线虫（*Meloidogyne incognita* Chitwood），病原线虫雌雄异形，幼虫呈细长蠕虫状。雄成虫线状，体形细长，两端稍尖，多为乳白色或无色透明。大小 1.0～1.5 毫米 ×0.03～0.04 毫米。雌成虫柠檬形或梨形，每头成虫可产卵 300～800 粒，雌虫多埋藏于寄主组织内，大小 0.44～1.59 毫米 ×0.26～0.81 毫米。线虫虫体分唇区、胴部和尾部。虫体最前端为唇区。胴部是从吻针基部到肛门的一段体躯。尾部是从肛门以下到尾尖的一部分。

根结线虫一生要经过卵、幼虫和成虫 3 个虫态。卵常为椭圆形，半透明，产在植物体内、土壤中或留在卵囊内；幼虫有 4 个龄期：1 龄幼虫在卵内发育并完成第一次蜕皮，2 龄幼虫从卵内孵出，再经过 3 次蜕皮发育为成虫。植物病原线虫一般为两性生殖，也可以孤雌生殖。南方根结线虫在 5～30 厘米土层中可生存 1～3 年，生存最适温度 25～30℃，土壤含水量在 50% 左右。高于 40℃、低于 5℃都很少活动，55℃经 10 分钟致死。植物病原线虫在土壤中的活动性不强，其主动传播距离非常有限，被动传播是线虫的主要传播方式。

南方根结线虫寄主范围非常广泛，除侵染黄瓜外还可为害豆科、十字花科、葫芦科、茄科等多种蔬菜作物。

黄瓜中尚未发现抗南方根结线虫的品种。

二、表现症状

黄瓜结瓜期最易感病，主要危害侧根和须根。轻病株症状不明显，重病株则较矮小，发育不良，结实不好，在干旱条件下中午萎蔫。将病瓜秧拔起，会发现根系发育不良，主根和侧根萎缩、畸形，上面形成大小不等的瘤状根结为虫瘿，浅黄色至黄褐色，有的呈串珠状，使根系变粗。剖开根结，可以见到病部组织里有很多细小蠕动的乳白色或黄白色椭圆形雌线虫。根结之上一般可长出细弱的新根，致寄主再度染病。地上部植株生长缓慢，叶缘发黄或枯焦，严重的停止生长，植株明显矮化，结瓜少而小，叶片褪绿发黄，晴天中午植株地上部分出现萎蔫或逐渐枯黄，最后植株枯死。容易与枯萎病混淆。

图 6-1-1 根结线虫地上部症状

图 6-1-2 根结线虫根部症状

三、发生规律

初侵染来源：根结线虫以卵或 2 龄幼虫随病残体在土壤中越冬，靠病土、病苗、浇水传播，由根部侵入。

发病条件：条件适宜时，越冬卵孵化为幼虫，或埋藏在寄主根部的雌虫，产出单细胞的卵，卵产下经几小时形成一龄幼虫，脱皮后孵出二龄幼虫，二龄幼虫在土壤中移动寻找根尖，由根冠上方侵入定居在生长锥内。根结线虫发育到 4 龄时交尾产卵，产生新一代 2 龄幼虫，进入土壤中进行再侵染或越冬。雄线虫离开寄主钻入土中后很快死亡。线虫寄生后分泌的唾液刺激根部组织膨大，形成“虫瘿”，又称为“根结”。

田间土壤湿度是影响孵化和繁殖的重要条件。土壤湿度适合蔬菜生长，也适于根结线虫活动，雨季有利于孵化和侵染，但在干燥或过湿土壤中，其活动受到抑制。重茬地发病严重，沙土、沙壤土发病重。

四、防治措施

1. 选用无病土进行育苗，培育无病壮苗。采用无土育苗是防治根结线虫的一种重要措施，能防止黄瓜苗早期受到根结线虫危害，且秧苗质量好于常规土壤育苗。

2. 清洁田园。黄瓜拉秧后，及时清除病残根，深埋或烧毁，铲除田间杂草。深耕或换土。在夏季换茬时，深耕翻土 25 厘米以上，同时增施生物有机肥；或把 25 厘米以内表层土全部换掉。

3. 利用水淹法：对重病田灌水 10～15 厘米深，保持 1～3 个月，使线虫缺氧窒息而死。

4. 轮作倒茬：发病严重田块，实行与葱、蒜、韭菜、辣椒等蔬菜实行 2 年以上轮作。发病重的地块最好与禾本科作物轮作，水旱轮作效果最好。

5. 提倡采用高温闷棚：在 7 月或 8 月采用高温闷棚并用氰氨化钙或硫酰氟等药剂进行土壤消毒，地表温度最高可达 72.2℃，地温 49℃以上，也可杀死土壤中的根结线虫和土传病害的病原菌。

6. 药剂防治

根结线虫一旦传入，很难根治。因此，防治根结线虫的传入极为重要。由于种苗移栽、大水漫灌、农事操作是根结线虫传播的重要途径，建议从培育无病种苗入手，在温室中安装滴灌设备，在温室门口放置消毒液，进入温室前消毒或换鞋。这些措施将有效地防止根结线虫的传播和蔓延。

定植前每亩用 5% 丁硫克百威颗粒剂 3 千克，与 20 千克细土充分拌匀撒在畦面下，再用铁耙将药土与畦面表土层 15～20 厘米充分拌匀，当天定植。也可在定植前 3 天灌根线酊，每 100 毫升对水 75 千克，灌 150 穴。

定植后小苗期需要分 3 次灌根，每 100 毫升药对水 225 千克，灌 450 棵苗，灌后发现植株打蔫时，应及时灌水即缓解，对植株无影响。对已出现根结的大苗可灌两次。第 1 次灌时用 100 毫升根线配，对水 150 千克再加入赤霉素 125 毫升，灌 300 株。第 2 次药量同第 1 次，不加赤霉素灌 300 株。最好在阴天或晴天下午进行。对未进行消毒且病重的地块在整地时可用 5% 丁硫克百威颗粒剂 5～7 千克每亩，或 98% 棉隆微粒剂 30～45 克 / 平方米，或 20% 噻唑膦水乳剂 750～1000 倍液灌根。发病初期还可选用 50% 辛硫磷 1000 倍液等灌根，每穴灌药液 250～300 毫升。

第二节　黄瓜真滑刃线虫病

一、概述

病原为真滑刃线虫（*Aphelenchus avenae* Bastian），体圆筒形，长约 504～1000 微米，吻针长约 17 微米，无基部球，基部稍粗，前端较后端略短。食道前体筒状，中食道球较大，卵圆形，后食道腺位于肠的背面，排泄孔在中食道球下；阴门横裂，阴道向前斜伸，阴门唇隆起，阴门后虫体稍变窄。卵巢 1 个前伸，尾部圆筒形，尾长是肛径的 1.3～2 倍。

二、表现症状

黄瓜真滑刃线虫引起的黄瓜线虫病，其地上部症状与根节线虫相似。初期症状不明显，发生数量多或持续时间长时，出现全株生长不良，似缺水或缺肥状，容易造成其他病菌的次生侵染。后期根部变褐腐烂。对不良环境条件抵抗力差，容易导致其他病害发生蔓延。

三、发生规律

线虫产卵后孵化出的幼虫在根附近活动，造成危害。发育适温 25～30℃，年生多代，条件适宜时可周年发生。

四、防治措施

防治同黄瓜根结线虫病。

第七章　生理病害

黄瓜在生长发育的过程中，对其所生长的外界条件有一定的要求，如果环境条件不适宜，低于或超过植株的适应范围，黄瓜的生理活动就会失调。这种由于环境中不良的物理或化学因素的影响，导致黄瓜生长发育出现异常或组织损伤，称为黄瓜的生理性病害。生理性病害的发生不会在植株个体或田块之间相互传染，因此又被称为非传染性病害。黄瓜生理性病害不会像传染性病害那样会有一个发生或传染的过程，从一个发病中心向外逐渐扩展蔓延。在发病的植株上，从传染性病害发病的表面或内部可以发现其病原体存在，其症状也具有一定的特征；而生理性病害从病株上不会分离到病原物，也不会有传染扩散的现象。

黄瓜的生育过程一般会划分为几个时期，这些时期包括发芽期、幼苗期、抽蔓期和结瓜期，不同生育期都会有相应的生理特征和变化规律。如果环境不适，在这些生育期内就会发生相应的生理性病害的症状，但是有些生理性病害的出现可能会跨越多个生育期。极端的环境条件以及田间打药或施肥不当也会对黄瓜造成严重伤害。本章主要介绍黄瓜苗床期、田间常见生理病害、低温弱光障碍、高温障碍、药害、肥害等生理性病害，分析其发生的主要原因，并提出该病害的诊断与防治措施，为黄瓜的无公害生产提供借鉴与指导。引起黄瓜生理性病害的因素有很多，在分析生理性病害发生的原因时，主要从以下几个方面着手：

温度：温度过高或过低都会引起黄瓜的生理障碍。

光照：日照长短、光照不足或光照过强都会对黄瓜的生理产生不同的影响。

土壤：如水分含量、营养元素的匮乏或过量及连作障碍等所造成的危害。

空气：空气中水分、污染物、有害气体、二氧化碳、氧气的不足或过量对黄瓜生长的影响。

其他因素：因农业管理措施失当引起的，如喷洒农药浓度过大引起的药害，田间化肥使用引起的肥害等。

这些因素有时是单一发生作用，但是它们之间往往有时互相联系，相互作用。如冬季温室日照不足同时伴有低温，形成低温寡照引发的生理障碍。土壤缺水时不仅发生生理性萎蔫，持续干旱下还因离子的拮抗或互协作用发生营养缺乏症或过剩症等。

第一节　苗床期生理病害

一、黄瓜戴帽苗

表现症状：在黄瓜育苗出土时，经常遇到种皮夹在子叶上而不脱落的情况，俗称“戴帽”。由于子叶被种皮夹住不易张开，致使

图 7-1-1 黄瓜戴帽苗

光合作用受到影响，造成幼苗生长不良而形成弱苗、小苗；重者子叶烂掉，幼苗因饥饿而死亡。

发生原因：一是种子质量不好，如使用成熟度差或陈年的种子，以及种子在贮藏过程中受潮，这些种子由于生活力弱，出土时无力脱壳。二是苗床底水不足，种子尚未出土，表土已变干，种皮干燥变硬，夹住子叶而不易脱落。或是播种过浅，覆土过薄，进而造成表土失水过快，床土过干。三是种子竖直插入土中，种子上部接触的土壤面积减少，经受的土壤压力小，种子出土过程中吸水不均匀，易出现“戴帽”。四是幼苗刚出土即揭掉覆盖物或在晴天中午揭膜，致使种皮在脱落前变干，不能顺利脱落。五是地温低，导致出苗时间延长。

解决办法：①精选种子，挑选粒大、饱满、无虫的种子。②播前浇足底水，播后用潮湿土覆盖，厚度要均匀，不可过薄。③育苗床加盖塑料薄膜或草帘进行保温，使种子发芽到出苗期间保持湿润状态。多数种子顶土出苗时，如苗床过干可用喷壶喷洒清水，表土过薄时加盖少许湿润细沙土。④幼苗发生“戴帽”时，用喷壶先在幼苗上喷少许清水，在清晨种壳潮湿时人工辅助“摘帽”。注意不要在晴天中午阳光强烈时“摘帽”，以免灼伤子叶。

二、烧苗、烤苗

表现症状：烧苗，播种后不能正常出土，出苗不齐；出苗后生长缓慢，叶片畸形、黄化，甚至死亡。烤苗，芽拱出后在接触薄膜的部位被烤伤，初期褪绿色，很快变黄，萎蔫；苗床缺水，叶片变绿，温度高时子叶萎蔫下垂，早晚恢复，后叶片深绿色，生长缓慢，僵化；温度急剧升高时，可导致子叶或整株迅速失水、萎蔫、青枯。

发生原因：育苗基质中混有高浓度的农药或化肥，导致烧苗；黄瓜对除草剂非常敏感，使用喷过除草剂的土壤育苗可导致出苗不正常或幼苗畸形；播种时覆盖地膜，出苗后地膜没有及时揭开，导致膜下温度过高，出现烤苗；苗床缺水，导致幼苗因失水而萎蔫甚至死亡；使用高浓度农药或生长调节剂，也会导致幼苗伤害或死亡。

解决办法：育苗土尽量选择没有病虫的土壤，保证没有使用过除草剂；育苗土中要求全氮含量应在 0.8%～1.2%，速效氮含量应达到 100～150 毫克 / 升，速效磷含量应高于 200 毫克 / 升，速效钾含量高于 100 毫克 / 升；农药的使用量严格按照使用浓度操作，不可过量。播种前苗床浇足水，播种覆盖后及时喷水，覆盖地膜，当幼苗出苗后，及时揭开薄膜；利用小拱棚育苗时，出苗后在拱棚两侧及时开风，风口逐渐从小到大。苗床缺水时及时浇水。合理使用农药及生长调节剂。

三、高脚苗

表现症状：幼苗下胚轴纤细而长，子叶小，叶片薄，颜色淡，表面角质层不发达，在空气湿度较低时，蒸腾作用增强，植株极易萎蔫。徒长苗抗逆性差，容易受冻，易染病。

图 7-1-2 黄瓜高脚苗

发病原因：与品种有关，一般华南型黄瓜与水果黄瓜播种后常规管理容易形成高脚苗；播种出苗时夜温过高、昼夜温差小、光照不足、通风不良、水分过大等，容易形成高脚苗。

防治方法：①针对容易形成高脚苗的品种采取低夜温管理；苗床营养土的配比要合理，每立方米营养土中可施加磷酸二铵1千克，此外，要选用透光性较好的塑料薄膜，以保证苗床光照充足。②加强管理，保持夜间床温前半夜为15～20℃，后半夜10～15℃左右，保持一定的昼夜温差。③喷施植物生长调节剂。喷施植物生长调节剂是抑制徒长的下策，因为如果过量，会影响幼苗的生长和结瓜。确实有必要时，可用50%的矮壮素原液兑水配成2500～3000倍液（即1毫升原液加水2.5～3.0千克），用喷雾器喷洒在幼苗上，每平方米苗床喷洒1升配制好的矮壮素溶液。喷后10天左右，可观察到幼苗生长缓慢，叶色变浓绿，茎变得健壮。

四、沤根

表现症状：幼苗根部呈褐色腐烂，不发新根或不定根，地上部茎叶生长缓慢，叶片色泽较淡或萎蔫，叶绿素形成少，最终导致地上部萎蔫。病苗容易拔起，轻者拔出不带土，重者腐烂，生育缓慢。严重时成片干枯，似缺素症。

发生原因：主要由于地温低于12℃，并且持续时间较长，同时田间管理中浇水过量，或遇连阴雨天气，苗床温度和地温过低，新根无法生长，导致瓜苗生长不良而萎蔫，若持续时间较长易诱发沤根。一般在移苗或定植初期发生，导致植株根系生长不良，不长新根，从而引起秧苗死亡。

解决办法：①苗床要干燥，避风向阳，畦面要做平，严防大水漫灌。注意通风降低空气湿度。②加强育苗期的地温管理，避免苗床地温过低或过湿，晴天中午育苗棚要及时放风炼苗，夜间注意保温。③采用电热线育苗，控制苗床温度在16℃左右，一般不宜低于12℃。④发生轻微沤根时，要及时松土，提高地温，同时选用0.2%磷酸二氢钾溶液或农惠腐殖酸液肥1000倍，或翠康生力液800～1000倍液等喷施。

五、冷害及冻害

表现症状：冷害，开始时子叶受害，叶片褪绿、下垂，持续低温子叶变黄，向下扣，子叶上生有黄色圆形斑点，叶片变脆，生长缓慢或停滞。冻害，叶片褪绿，水浸状，透明，叶片下垂，后萎蔫。

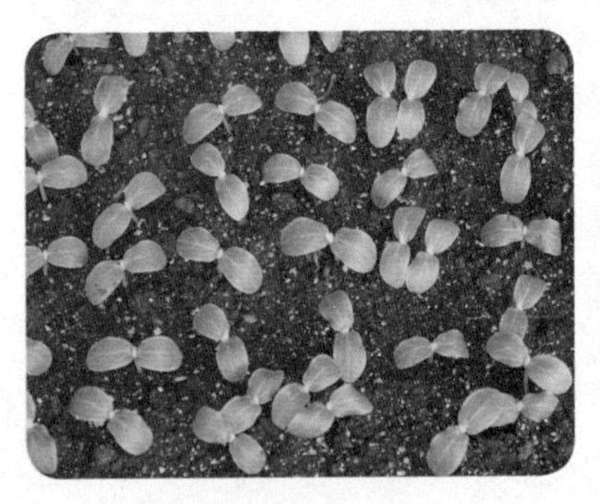

图 7-1-3 低温下幼苗子叶下垂

图 7-1-4 低温子叶黄点

发生原因：黄瓜出苗后，通常在 10～12℃以下生理活动失调、生长缓慢或停止发育，5℃以下难以生存。5～10℃以下低温条件可出现冷害，0～2℃下即冻死。在栽培中把 8℃作为黄瓜生产的最低温度限。

解决办法：低温条件下育苗，需在苗床铺设地热线；冬季温室夜间加盖保温被或草苫，播种后保持棚室内温度夜间 12～15℃；白天温度控制在 25～30℃，光照充足。出苗后放风时需从一面开小风口，然后逐渐加大放风口。

第二节　田间常见生理病害

一、泡泡病

表现症状：泡泡病多发生在越冬及早春栽培的黄瓜上，主要危害叶片。发病初期，叶片正面出现淡绿色小鼓泡，随后鼓泡数量逐渐增加，颜色逐渐变为淡黄色、灰白色或黄褐色，叶片正面凸起，背面凹陷，整张叶片表面凹凸不平，叶片凸起部位不产生病原物，后期叶片变黄、老化、变脆。

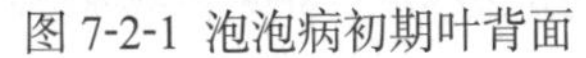

图 7-2-1 泡泡病初期叶背面

图 7-2-2 泡泡病后期叶正面

发生原因：泡泡病的发生主要与品种不耐低温有关，如早春、冬季以及秋延后栽培，低夜温是此病发生的关键；此外该病一般在黄瓜生育的中后期发生，植株根系老化，生长势下降，遇昼夜温差大，植株白天制造的养分，遇到夜间低温，得不到很好的运输，导致病害的发生。

解决办法：①选用耐低温品种。②加强增温、保温措施，提高夜温：秋延后栽培，当夜温降低时及时加盖薄膜，经常对棚室上的塑料膜、玻璃进行清尘，提高夜温。③合理灌水：阴天低温不应减少灌水，晴天升温避免浇大水。灌水应避免大起大落。一般灌水时间应选在晴天上午进行。

二、黄瓜白化叶

表现症状：黄瓜白化叶在保护地黄瓜生产中经常发生，会造成叶片早枯，瓜秧早衰，导致严重减产。在保护地冬春茬黄瓜进入盛瓜期后最易发生。发病叶片主脉间叶肉首先褪绿，变黄色甚至白色。褪绿部分依次向叶缘发展并扩大，直至叶片除叶缘尚保持绿色外，叶脉间的叶肉均变为黄白色，俗称“绿环叶”。发病后期，叶脉间的叶肉全部褪色，与叶脉的绿色成鲜明对比，俗称“白化叶”。

发生原因：白化叶致病原因是植株缺镁。黄瓜植株进入盛瓜期后，对镁的需求量增加，此时镁供应不足易产生缺镁症。缺镁可以是土壤中缺少镁，或土壤中本不缺镁，但由于施肥不当而引起镁吸收障碍，造成植株缺镁。温室换土，或在生土地上栽培黄瓜，也容易缺镁。钾过量、氮肥偏多、钙多将会影响植株对镁的吸收，磷缺乏也将阻碍植株对镁的吸收。

解决办法：①注意改良土壤，避免土壤过酸或过碱。②合理施肥，施足充分腐熟的有机肥，适量施用化肥。注意氮、磷、钾肥的配合，勿使氮、钾过多，磷不足。钙肥要适量，过多易诱发白化叶。特别注意肥料不要一次过量、集中施用。③合理灌水，不要大水漫灌。土壤湿度过大会抑制根系对镁的吸收，而镁也易随雨水、灌溉水流失。④易发生白化叶的棚室或地块，可用黑籽南瓜嫁接黄瓜。及时叶面喷施 0.5%～1.0% 的硫酸镁水溶液或含镁复合微肥。

三、黄瓜白网边叶

表现症状：多发生在棚室栽培的黄瓜植株上，尤其是植株中部和上部叶片最易出现。病叶多从叶尖开始表现症状，并沿叶缘向两边发展。叶片边缘向内 1～2 厘米范围内的网状脉变成白色。发病严重时可向叶片内部发展，后期叶缘干枯。

发生原因：土壤中钾元素含量过剩引起镁元素缺乏时，在黄瓜植株上的一种特殊症状。当土壤中钾、镁比例达到 8 时就会引起镁缺乏，导致白网边叶。

解决办法：①科学施肥：施用腐熟的有机肥、化肥要适量，同时注意氮、磷、钾元素的合理配合，氮、钾肥不能一次施用过多。②补充镁肥：应选用保水、保肥力强的土壤栽培黄瓜，如果选用沙土或沙壤土，因为这两种土壤镁含量低，尤其保护地长期种植黄瓜时更易加重缺镁，应注意施用镁肥，如钙镁磷肥，或磷酸镁铵肥等。③补救措施：当出现白网边叶时，应及时叶面喷施 1%～2%

硫酸镁水溶液，可起到临时补救的作用。

四、黄瓜镶金边叶

表现症状：又叫“金边叶”、“黄边叶”。叶片边缘呈整齐的镶金边状，黄色部分的叶肉组织一般不坏死，这一点区别于黄瓜焦边叶。

图 7-2-3 黄瓜叶镶金边

发生原因：与降落伞形叶类似，这是缺钙的又一种表现形式，根本原因是缺钙，但诱发缺钙的因素很多。如土壤缺水干旱，蹲苗过重，过度控水，土壤溶液浓度增高，导致植株对钙的吸收受阻；土壤酸性强或多年不施钙肥；大量施用化肥，土壤中氮、镁、钾含量过高，会抑制植株对钙的吸收；缺硼，植株对硼的吸收受阻会诱发缺钙。或者地温过低，冬季低温寡照时期，温室保温性能差，或虽然保温性能好，但在遭遇持续的连阴雾天时，地温降至界限温度以下，低地温阻碍了根系对水分的吸收，也就使得对钙的吸收受阻。另外喷药浓度过高，也有此表现。

解决办法：①适时浇水，降低土壤浓度。②增施有机肥料，喷施钙肥，选用安全农药，合理控制浓度。冬季的低地温影响到根系对钙的正常吸收时，也会出现缺钙症状，以后天气恢复正常，温度升高，缺钙症状也会自然消失，但已经出现的金边不会消失，再发生的新叶不会出现镶金边现象。③改良土壤：在砂性较大或酸性土壤上用施用石灰的方法改良土壤时，石灰用量不可过大，防止土壤碱性过强。④喷施硼肥：对于缺硼引起的金边叶，可叶面喷施硼酸或硼砂等硼肥。⑤采取措施避免和消除土壤积盐。

五、匙形叶

表现症状：棚室黄瓜植株长势弱，上部叶片稍显下垂、黄化，植株顶部叶片不能充分展开，边缘上卷呈匙形，严重时匙形叶边缘枯死，中部和下部叶片也褪绿发黄，植株生长缓慢，产量降低。

图 7-2-4 匙形叶

发病原因：黄瓜植株顶部匙形叶是由于土壤中缺铜所致。黄瓜对铜元素比较敏感，一般土壤含铜较丰富，有效铜含量也高，往往不容易发生缺铜症。但是，土壤中的铜一般很难移动，黏土和有机质对铜有很强的吸附作用。因此，在黏土或富含有机质的土壤中，很容易发生缺铜现象。

防治方法：①进行土壤改良：酸性土壤中因为高浓度的可溶性

铝对铜的沉淀作用，使铜难以吸收，中性土壤则利于根系对铜的吸收。②科学施肥：适量施用腐熟的有机肥，注意氮、磷、钾肥料的合理配合使用。③多用含铜的杀菌剂，在防病的同时起到补铜的作用。④当黄瓜植株出现缺铜的症状后，及时进行叶片喷施硫酸铜水溶液。

六、黄瓜焦边叶

表现症状：又称枯边叶，在保护地黄瓜经常出现。黄瓜植株叶片均可发生，但以中部叶片最重。发病叶片的大部分边缘或整个边缘发生干枯，干枯边缘宽度 2～3 毫米。

图 7-2-5 焦边叶

发生原因：①土壤盐分浓度过高造成的盐害；②过速失水：在棚室内高温高湿情况下，突然放大风，叶片失水过急所致；③药害：喷布农药时，药液浓度偏大，药液过多，滴留于叶缘造成药害。受到化学伤害的叶子边缘一般呈污绿色，干枯后变褐。

解决办法：①要配方施肥，适当减少施肥量或多施有机质，特别是追肥要掌握合理的用量，要尽量少使用硫铵等副成分残留土壤的化肥，以降低土壤溶液浓度。②盐分含量大的土壤（土表有白色盐类析出的土壤），可灌水泡田洗盐。可在夏季休闲期灌大水，连续多日泡田，使土壤中的盐分随水分的渗透而溶解到深层土壤中去。③表层盐分高，有条件时也可上下土层翻转或换土。④科学放风，避免放风过急、过大。⑤用药时，注意药剂使用浓度和药液喷布量。浓度不能随意加大，叶面着药量以叶面湿润而药液不滴淌为宜。

七、叶烧病

表现症状：发病初期病部的叶绿素明显减少，叶面上出现小的白色斑块，形状不规则或呈多角形，扩大后呈黄色或黄白色斑块，轻者仅叶缘烧焦，重者致大半片叶乃至全叶烧伤，生产点烤伤。黄瓜叶烧是由高温诱发的生理病害。据报道，当棚内相对湿度低于80%，再遇到40℃以上的高温，就会产生高温伤害，尤其在强光照条件下更易发生。生产上，中午不能及时放风降温或高温闷棚时间过长易产生叶烧病。

图 7-2-6 叶烧伤（生产点受害）

图 7-2-7 叶烧伤

发生原因：黄瓜叶烧病是高温引起的一种生理性病害，在春秋保护地、春露地及越夏露地均有发生。黄瓜对高温的耐受力较强，32～35℃不会对叶片造成危害，特别是在空气相对湿度高，土壤水分充足时，容易维持植株体内的水分平衡，温度即使达到42～45℃，短时间内也不会对叶片造成大的伤害。但是在相对湿度低于80%时，遇到40℃的高温就容易产生高温伤害，尤其是在强光照的情况下更为严重。高温闷棚，处理不当极易烧伤叶片。由于连续阴雨季节过后天气转晴，气温回升快，光照强，在植株中、上部叶片，靠近保护地的顶膜附近的叶片因受光照和水分等环境影响而产生。在秋延后设施黄瓜栽培中，由于光照强烈，加上浇水不当，也易诱发此病。

解决办法：①保持适当温度：保护地温度控制在20～25℃之间，温度过高时要及时通风降温。②光照调控：当阳光照射过强时，棚室内外的温差过大，不便通风降温或经过通风仍不能降低到所需的温度时，可采用揭去边膜或顶膜、覆盖遮阳网等方法来减弱强光的影响。棚室内的温度过高、相对湿度过低时，可喷冷水雾。③避免高温闷棚时间过长，温度不能超过45℃。高温闷棚的前一天晚上一定要灌足水，提高植株的耐热力。

八、急性生理性萎蔫

一般在连续阴雨天突然放晴时发生。

表现症状：急性生理性萎蔫指突然发生大面积植株萎蔫且不能恢复，甚至整株枯死。

发生原因：①冬季栽培黄瓜遇到连续阴雨天时，温度低，黄瓜的生长发育缓慢，黄瓜叶片的水分蒸发量小，根系的吸水能力下降，天气突然放晴，棚室内急速升温，导致水分蒸发量大，而根系吸水跟不上，导致急性萎蔫。②地块低洼，土壤含水量过高，土壤缺氧，造成根部呼吸作用受阻，根系吸收机能降低所致；在土壤氧气含量很低的情况下，土壤中的微生物会产生有毒物质，使根系中毒，加重病情。③ 夏季干旱，突降大雨，雨后天晴；或连续阴雨天突然放晴时，也会出现急性生理性萎蔫。

解决办法：①冬季黄瓜栽培要选择地势高、平整、排水良好的地块，采用高畦栽培，严禁大水漫灌。②注意培育强大的根系，提高根系吸收能力。③浇水选择晴好天气，利于升地温。④遇连续阴天突然放晴时，不能急于揭开草苫或保温被，应一点一点慢慢揭开，或回盖草帘遮阴，让植株逐步适应。⑤喷清水或腐殖酸类叶面肥过渡。⑥夏季栽培黄瓜，应勤浇水，土壤见湿见干，利于根系生长；大雨过后天晴时及时浇灌井水，降低地温，同时做好排水，边灌边排，浇水后及时中耕，防治急性萎蔫的发生。

九、花打顶

花打顶又叫“花抱头”或“顶花”，多在冬季或早春季节设施栽培黄瓜上发生，苗期至成株期均可发生。

表现症状：主要表现为植株顶端不形成新叶和新梢，龙头聚集，生长点附近节间缩短，而在生长点周围急速形成雌花和雄花间杂的花簇，开花节位上升，顶端出现小瓜纽，瓜条不伸长，同时植株停止生长，因而称之为“花打顶”。

图 7-2-8 花打顶

图 7-2-9 花打顶

发生原因：①根部伤害。主要因为烧根、沤根导致根部养分吸收障碍；根结线虫危害，导致根部吸收能力下降，发生生理性缺肥而出现花打顶。

②肥水供应不足。土壤干旱，土壤溶液浓度高，根系活动弱，吸肥困难或养分供应不足，导致生理性缺肥，出现花打顶；土壤盐碱，肥力不足，导致营养生长受抑制，出现花打顶；苗龄过长或移栽后蹲苗时间长，肥水供应跟不上；低节位留瓜或结瓜过多，导致植株上部养分供应不足。

③生长发育失调。在越冬或早春保护地栽培中，由于棚温偏

低，特别是夜间持续低温，导致黄瓜根系发育不良甚至老化，影响根的吸收功能，或植株因营养生长受到抑制而生殖生长过快，出现雌花高过顶芽，甚至出现无顶芽现象。

④过度打药，连续频繁使用烟雾剂熏棚等，造成叶片伤害、老化，叶片同化功能降低，不能满足生长需求；喷施乙烯利等用于增加雌花数目，也是发生花打顶的主要原因。

解决办法：①选择土质良好、土壤肥沃的地块种植黄瓜。②适量施肥，避免引起烧根。对于轻度烧根引起的花打顶，应及时浇水，使土壤相对含水量达到 65% 以上，浇水后要及时中耕，保持适宜的土壤水分，不久即可恢复正常。③合理浇水，土壤见湿见干，避免干旱和沤根出现。对于轻度沤根型花打顶，设法提高地温达到 10℃以上，及时中耕，必要时可扒沟晒土，降低土壤含水量。同时，摘除结成的小瓜，保秧促根。当新根长出后，即可转为正常管理。有根结线虫发生的地块，注意防治根结线虫。④越冬栽培，选用耐低温黄瓜品种，设法提高夜温。白天温度 32～35℃。前半夜气温要求达到 18～20℃，后半夜保持在 10℃上下即可。⑤合理留瓜，避免低节位、过度留瓜，适当疏花疏瓜，结合田间水肥管理，避免花打顶出现。⑥科学用药，根据病害发生情况，有针对性用药，尽量避免多种农药混合使用；乙烯利等生长调节剂，应根据品种的特性、栽培季节等合理使用。⑦发生花打顶时喷施浓度为 187.5～562.5 毫克 / 升赤霉素溶液，可以有效缓解。

十、雌花过多

表现症状：一般出现在温室越冬茬、冬春茬以及秋冬茬黄瓜上。在定植后不久，黄瓜植株由下而上，每节均出现 2 个以上雌花，甚至更多。雌花过多且同时发育，会相互竞争养分，虽然雌花多，但能坐住的瓜反而更少。

图 7-2-10 雌花过多

发生原因：①与品种有关。②与生长环境有关。越冬茬黄瓜定植后一直处于低温寡照环境，利于雌花分化。③种植者为增加雌花数量喷施乙烯利，致使上部各节出现大量雌花。在秋冬茬黄瓜育苗期间，正值高温季节，不利于雌花形成，定植后瓜少，此时用乙烯利处理，由于温度偏高，药效明显，如果不相应降低浓度，往往形成过量雌花，植株生长也会受到抑制。

解决办法：①选用适宜品种。②对雌花节率高、节成性强的品种建议不喷乙烯利，需要喷施乙烯利增加雌花数的要严格掌握乙烯利处理浓度。高温季节进行黄瓜育苗，乙烯利处理浓度一般为 50～150 毫克 / 升，最高不可高于 200 毫克 / 升。③疏瓜与水肥管理。当黄瓜植株每节都有大量雌花时，通常要进行疏瓜，一般每节选留 1 个瓜，水肥充足留 2 个，多余者及早疏除；适当稀植，加强植株调整、水肥管理，提高管理水平，从而达到高产的目的。④补救措施。对于秋冬茬黄瓜喷乙烯利后造成雌花过多现象，可通过喷赤霉素、增加水肥供应量等措施加以缓解。

十一、有花无瓜

表现症状：生产上表现为黄瓜只见开花，不见结瓜。黄瓜植株茎叶发育粗壮，但是植株雌雄花比例低，瓜码过稀，瓜纽太少。

发生原因：①选取的黄瓜品种不适。有些品种雌花节位高，雌花少。②花芽分化时期温湿度不适。夜温过高不利于雌花的分化。③肥水不当。氮肥过多造成植株徒长，雌花分化减少。④激素处理不当造成雌花减少。

解决办法：①选用适宜的品种。②控制苗期温度，夜温不可过高。③严格控制瓜蔓疯长，保证黄瓜植株体生长粗大健壮，以增强黄瓜植株体“节外生枝”和雌、雄花同开的能力。具体方法为：当黄瓜植株长出 4 片以上真叶，瓜蔓长出约 30～40 厘米长时，每亩地用植物生长调节剂乙烯利 200～500 毫克 / 升的稀释液，或萘乙酸、三十烷醇 5～10 克，或助长素 10 克（上述药剂任选一种即可），然后对水 50～70 千克并搅匀，在黄瓜植株上均匀喷施 1～2 次，即可有效解决黄瓜因只开雄花而引发的“不育症”问题。

十二、化瓜

表现症状：主要表现为幼嫩瓜条未开放就逐渐黄化萎缩，不能继续长成商品瓜，最后死亡；或已经坐住的瓜条停止生长，并由瓜尖开始逐渐变黄、干瘪，最后干枯脱落。

图 7-2-11 化瓜

图 7-2-12 化瓜

发生原因：①在氮肥充足、水量过大、光照不足、植株徒长的情况下，幼瓜的营养生长得不到充分的供给，也易造成化瓜。②定植密度过大，田间密闭，光照不充足，幼瓜得不到足够的养分而化瓜。③有机底肥施入量少造成脱肥或营养不良，秧蔓长势不够旺盛而化瓜。④结瓜节位低，根瓜不及时摘除，大瓜摘的过晚，各器官争夺养分，造成幼瓜养分供给不足而黄化。⑤根系受损或发育不良，吸收能力差，造成化瓜。⑥温度过高或光照不足使光合作用失调，光合产物少，新坐下的幼瓜得不到足够的养分而停止生长。⑦植株染病，尤其是结果期感染灰霉病也会产生化瓜。

解决办法：①重施有机底肥，平衡施肥，避免伤根，促进根系发育，提高吸水吸肥的能力。②合理密植。③以人工授粉、在温室内放养蜜蜂等措施，刺激子房膨大，降低化瓜率。④根瓜及时摘除，避免过多坐瓜，必要时疏瓜。⑤开花结果期结合膜下浇水追施冲施肥，配合叶面喷肥，保证养分供应。⑥控制好棚室温湿度，棚内相对湿度保持在 65% 左右。晴天白天 23～25℃，不超过 28℃，夜间 10～12℃或更低，加强光照，提高光合强度。⑦做好灰霉病的预防和防治。

十三、瓜条变短

表现症状：黄瓜瓜条长度明显变短，一般小于 25 厘米。

图 7-2-13 瓜条变短

发生原因：①瓜条长度与品种有关。②黄瓜生长前期过量施用生长抑制剂，如多效唑、乙烯利、高浓度的爱多收等来抑制植株生长，使得瓜条又短又粗，是短瓜产生的主要原因。也由于不同品种对这些药剂的敏感性不同，有时正常使用剂量也会导致短瓜的产生。③越冬一大茬栽培，黄瓜长期处于低温弱光条件下，过度结瓜等，一般品种都有瓜条变短的倾向，瓜条长度可由原来的35～38cm缩短到20～25cm。④施肥过量、不当的农事操作导致黄瓜烧根、伤根，根系生长发育不良，也会使瓜条变短。⑤根瓜留瓜节位过低，结瓜多，导致植株生长势下降，瓜条变短。

解决办法：①合理选择长条形黄瓜品种。②合理使用生长调节剂，如发现使用过量，及时喷洒清水或喷施浓度为20毫克/升赤霉素可以缓解。③越冬栽培时通过改善棚室温光条件，在适当的节位留瓜。根瓜要适期摘除，适度留瓜，合理施肥，增强植株长势。④定植后控制浇水次数，结合施用生根护根性肥料，增施生物菌肥，改善根际环境，促进根系生长发育，给瓜条输送营养。

十四、畸形瓜

表现症状：畸形黄瓜就是生长形状不正常的黄瓜，常见的畸形瓜有弯曲瓜、钩子瓜、尖嘴瓜、大肚瓜、蜂腰瓜和瓜佬等几种。

图7-2-14 瓜佬、两性瓜

图7-2-15 瓜佬、两性瓜

图 7-2-16 大肚瓜

图 7-2-17 蜂腰瓜

图 7-2-18 弯瓜

图 7-2-19 尖嘴瓜

发生原因：畸形瓜的发生首先与品种有关，相同的栽培条件下不同品种间畸形瓜的发生率有很大不同；花芽分化不良和营养不足也是产生畸形瓜的主要原因。

①尖嘴瓜的形成与黄瓜品种的单性结实能力有关。黄瓜没有授粉也能单性结实，在营养条件较好时可发育成正常瓜条，但有些单性结实能力弱的品种，在植株长势弱或者因温度、湿度、光照等不良因素植株光合作用降低时，不经过授粉就容易结出尖嘴瓜；黄瓜受灰霉病侵染也会影响果实膨大，形成尖嘴瓜。②大肚瓜及蜂腰瓜的形成一般在露地或保护地开放的环境下形成较多，主要是因昆虫授粉后，导致子房膨大，由于植株长势弱、肥水不充足，或环境条件不适于黄瓜生长，导致养分分配不均匀而造成蜂腰瓜、大肚瓜

等。过量施用氮肥或钾、钙、硼肥缺少形成大肚瓜。冬季温度、光照不良的情况下，不经授粉也会导致大肚瓜的形成。③弯曲瓜的形成主要原因是营养不良造成的。植株老化，营养供给不足导致曲形瓜；摘叶过多会使叶的同化作用减弱，导致曲形瓜；结果过多养分争夺引起曲形瓜；夜间温度较高，植株徒长，同化产物在瓜条中积淀量减少导致曲形瓜。

解决办法：①选用单性结实能力强的品种。②科学浇水施肥。处于结瓜盛期以及后期的黄瓜，要保持充足的肥水供应，增施有机肥及钾、钙、硼肥。生产实践表明，大量使用农家肥可以丰产，还能减少畸形瓜的出现。③保持合适的温度。特别是夜间温度，保持在 13～15℃，白天 25～28℃。增加雌花数量，保证花芽分化品质。④植株调整。结果期及时绑蔓，及时摘除卷须、黄叶、老叶、根瓜，结果期最好每天摘瓜，保持植株旺盛的长势。

十五、起霜瓜

表现症状：起霜瓜是指在果皮上产生一层白色蜡粉状物质，果实没有光泽，如放入水中，霜状物仍不脱落，用手轻揉后粉状物才消失。起霜瓜会严重影响瓜条商品性，降低经济效益。

发生原因：白霜是因黄瓜的呼吸消耗受到抑制时，在果皮上产生的一种蜡状物质。研究表明起霜果的发生主要与根系对硅的吸收与运输有关。①与品种有关。②与土壤性状有关，在沙地或土层薄的土壤中长期栽植黄瓜，易发生起霜果。③与气候条件有关，高温环境下发生多，28～31℃容易发生；低温环境下发生少，低夜温下加湿处理利于发生；弱光条件下低温管理利于发生。温室栽培黄瓜遇有天气不正常或根老化，机能下降及夜间气温、地温高或日照连续不足，黄瓜吸收消耗大时易发生。④越冬温室栽培选用黑籽南瓜嫁接时易产生起霜果。

解决办法：①选用无霜的品种。②栽培地忌沙性太大，生长后期还应注意施肥。施肥中应氮、磷、钾配合施用。③栽培地应进行 30 厘米以上的深翻使土壤疏松通透，促使根系生长旺盛，增强吸收力。④保护地加强放风降温，防止夜温过高，降低呼吸作用强度。⑤利用白籽或黄籽南瓜作砧木嫁接。

图 7-2-20 起霜瓜

十六、裂瓜

表现症状：黄瓜裂瓜多呈纵向裂开，多数从瓜把子开始裂。

发生原因：在长期低温干燥条件下，突然浇水或降大雨，或进行叶面施肥及喷洒农药，植株突然吸水时，易发生裂瓜。

解决办法：①防止裂瓜要从温、湿度管理入手，防止高温和过分干燥条件出现，科学浇水。②土壤水分要适宜、均匀，防止土壤过干或过湿，蹲苗后浇水要适时适量，严禁大水漫灌。③施用有机肥，采用深耕，培养发达的黄瓜根系。

十七、苦味瓜

表现症状： 黄瓜果实味苦。

发生原因： 黄瓜出现苦味是由于苦味素在黄瓜中积累过多所致。①与品种有关。②与施肥有关。生产中氮肥施用过量，或磷、钾不足，造成徒长，在侧枝、弱枝上出现苦味瓜。③与温度有关。地温低于13℃，细胞透过性减低，使养分和水分吸收受阻，瓜条也会出现苦味和变形。气温高于30℃持续时间过长，致同化能力减弱，损耗过多或营养失调都会出现苦味瓜。④苦味素易在干燥条件下生成，因水分不足会使植株长势衰弱。⑤定植伤根、过度蹲苗，导致根瓜有苦味。

解决办法： ①种植无苦味的品种。②平衡施肥，增施腐熟基肥，或将氮、磷、钾肥按5∶2∶6比例施用。③调控棚室环境条件，做好温度、湿度、光照及水分管理。夜间气温不低于13℃，白天最高气温不要持续在30℃以上。避免干旱，冬季小水勤浇，夏季可适当浇大水。④合理密植，及时摘除畸形瓜，减少养分消耗。

第三节　黄瓜低温弱光障碍

黄瓜喜温，植株的生育界限温度在10～30℃，超出此范围，生长发育受到阻碍。通常在10～12℃下，生育非常缓慢或停止生育，一般把10℃定为黄瓜健壮生育温度的低限。

随着我国越冬保护地栽培的发展，黄瓜的低温弱光障碍已成为越冬保护地栽培的首要问题。由于黄瓜定植后需经历12月到来年2月的低温弱光阶段，对黄瓜的生长、发育影响较大，低温与弱光的协同作用，以及品种耐受性的不同，使低温弱光障碍的症状表现多样。

一、降落伞叶

降落伞叶在越冬温室黄瓜定植后到采收前的一段时间最容易出现。华北地区越冬日光温室黄瓜12月上旬开始发生，持续到下一年的2月中旬，连续阴天有雾情况下发生严重。一般在中上部叶片发生，嫩叶发病严重，我国北方沿海城市发生较多，光照不足是此病发生的主要原因。不同品种间症状表现差异明显。

表现症状：首先生长点附近的新叶叶尖先黄化，进而叶缘黄化。叶缘黄化部分生长受到限制，而中央部分的生长还在继续进行，导致叶片中间部分凸起或凹陷，边缘向上或向下翻转，叶片呈降落伞状或匙形，严重的叶缘黄化腐烂。叶脉生长受限，导致叶脉弯曲、皱缩；症状从植株中部叶片一直发展到顶部叶片，严重时，茎上部生长受限，导致茎部扭曲，严重的生长点龟缩、腐烂。植株

图7-3-1 降落伞叶

图7-3-2 降落伞叶

图7-3-3 降落伞叶和正常叶

生长越快，上部症状越重。

发生原因：降落伞叶是黄瓜植株缺钙的一种表现形式。冬季弱光与低温协同作用，导致黄瓜根系的吸收或运输活动受阻，导致植株上部缺钙；同时由于冬季低温，蹲苗过重，过度控水，土壤离子浓度增高，抑制了植株对钙的吸收。有时温度高而放风不及时，植株蒸腾作用受阻，钙在植株体内的运送不畅，也会出现降落伞叶。再者，放风量过大，降温速度过快，也会在放风口附近出现降落伞形叶。

解决办法：①选用耐受性强的品种，如津优35号、津优38号、津优303号、中农26号等品种。②在温室内张挂反光幕，增强室内光照。③黄瓜定植后开始喷施氯化钙能有效缓解症状。④科学放风。温度升高，要及时放风，但放风时不能过急。⑤改善温室结构，改善温光条件，减轻发生症状。

二、黄叶症

表现症状：黄瓜越冬栽培时，植株长势弱，叶片薄，叶色浅，随着温度的降低，叶片急剧黄化，严重时中下部叶片急速萎蔫、干枯。除地上部分的症状外，黄叶症植株的根系也较小。

图 7-3-4 低温黄叶

发生原因：黄叶症仅限于低温，低温下长势弱的品种容易发生；叶片中某些元素如氮、钙、镁、锰含量不足，而另一些元素如碳素含量又偏高，营养元素不平衡。黄叶症的植株其根量显著地少。

解决办法：①选用耐低温品种，津优 35 号、津优 36 号、津优 38 号、津优 303 号、307 号等。②通过改善温室结构，增加温室的保暖性，提高棚室温度。③高垄栽培，膜下暗灌，在晴好天气浇水，快速提升地温。

三、花斑叶

表现症状：一般发生在植株的中下部叶片，叶脉绿色，脉间退绿、黄化，即出现花斑，严重时脉间组织枯死。

图 7-3-5 低温花斑叶

图 7-3-6 低温花斑叶

发生原因：①品种不耐低温；②低温大量使用化学肥料，影响根的生长发育及吸收功能，甚至出现沤根；③中午高温下叶片短时蒸腾过量。

解决办法：①选用耐低温黄瓜品种；②合理施用化肥；③用大量菌肥或碧护等生根剂灌根，培育良好根系；④及时浇水，适当降低中午棚温，提高夜间温度。

四、叶片黄斑及褐脉叶

表现症状：一般在早春低温、越冬栽培棚室中发生，主要发生在中下部叶片，期初偶尔沿叶脉出现黄色小斑点，后斑点增多，沿叶脉规则排列，病斑多角形，逐渐变褐，看上去整个叶片呈网状褐变。

图 7-3-7 低温褐脉叶

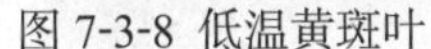

图 7-3-8 低温黄斑叶

图 7-3-9 低温黄斑叶

发生原因：①低温引起锰过剩引起的叶脉褐变：叶内锰的含量过高，一般先从网状的支脉开始出现褐变，然后发展到主脉。如果锰的含量继续增高，则叶柄上的刚毛变黑，叶片开始枯死。锰过剩可能是因为土壤中的锰被激活为可吸收态，但多数是因为经常施用含锰的农药所致。②低温多肥引起的生理性叶脉褐变：在低温多肥的情况下，沿叶脉出现黄色小斑点，逐渐扩大为条斑，近似于褐色斑点。其发病多在下部的老叶，而且是从叶子的基部主叶脉开始，集中在几条主叶脉上，呈现向外延伸状。有人认为前者是锰过剩引起的急性发作，后者是慢性发作，也属锰过剩的一种，但实际的发病机理并不是很清楚。

解决办法：①选用耐低温品种，土壤中锰的溶解度随着 pH 值的降低而增高，所以施用石灰质肥料，可以提高土壤 pH 值，从而降低锰的溶解度。②在土壤消毒过程中，由于高温蒸气、药剂作用等，使锰的溶解度加大，为防止锰过剩，消毒前要施用石灰质肥料。③注意田间排水，防止土壤过湿，避免土壤溶液处于还原状态。

五、植株矮化

表现症状：植株茎粗，节间短，叶片大，叶色绿，龙头不长，植株株型似西葫芦。

发生原因：低温弱光引起，具体机理不详。

解决办法：选用耐低温弱光品种。

图 7-3-10 低温弱光植株矮化

六、歇秧

在越冬一大茬栽培中，一般在来年的 2～3 月份出现，周期最长可达 40 天左右。品种间有差异，以早熟品种问题更为突出。

表现症状：植株龙头不长，中上部节间缩短，叶片簇生，较大；或叶片变厚老化，植株生长缓慢，结瓜少或不结瓜。

图 7-3-11 龙头不长

图 7-3-12 龙头不长

图 7-3-13 田间歇秧症状

发生原因：①品种原因。越冬栽培处于低温弱光阶段，直接影响黄瓜植株的生长发育。因品种对低温弱光的耐受性不同，表现出显著差异。②结瓜早、留瓜过多或采收不及时。越冬栽培一直处于低温、寡照条件，利于雌花分化；生产中应用乙烯利促进雌花分化；利用激素沾花增加结瓜数；受市场价格调控，短期内过度结瓜导致黄瓜营养生长和生殖生长失调，造成来年的 3～4 月份歇秧；市场行情不好时往往不及时采收。③施肥不当。施肥“多、乱、杂”，尤其是过量施用复混肥，使得土壤溶液浓度过高，造成根部受害，根尖变成铁锈色或局部坏死，使根系吸收能力变弱，影响了植株的正常生长。④喷药过量。病虫害防治施药间隔短、浓度超标，造成叶片老化，光合作用变弱。⑤浇水不当。浇水后遇上连阴天、低温和强寒流等不利因素，地温低于 12℃，土壤相对湿度高于85%，就会造成黄瓜沤根，从而使根系生长受到抑制，对地上部生长影响较大，进而导致歇秧。

解决办法：①选用耐低温弱光品种。②乙烯利等利于雌花分化的激素的使用应根据品种特性而定，对早熟、瓜码密的品种慎用。③雌花过多时应根据植株长势进行疏花，结瓜多影响植株生长时应技术摘除中下部瓜。④加强植株调整。黄瓜落蔓时不能太低，黄瓜植株维持在1.5米左右，保证植株上有15片以上的功能叶，以保证正常的光合作用，维持正常生长。⑤加强肥水管理。深冬期间温度低，光照弱，一般20天左右浇1次水即可，不能大水漫灌，肥料一般随水冲施，要施容易被黄瓜吸收的含有腐殖酸或氨基酸的肥料，一次性用量不宜过大。⑥加强温度管理。当棚内温度升高到30℃才可放风，且风口应由小到大，不要一次性放风过大。⑦科学防治病害。一般在浇水前或连续阴天的情况下进行病害的预防，可选用烟熏剂；病害一旦发生，打药防治，掌握用药的浓度，控制打药次数，两种以上农药混用时，注意按照说明进行，防止药害产生。

七、冷害

黄瓜耐寒力弱，其健壮植株的冻死温度为-2～0℃，在未经锻炼和骤然降温的条件下，2～-3℃就会冻死，5～10℃就会有冷害的可能。经过良好的低温锻炼，黄瓜遇到3℃或更低的温度也能忍耐。生产上只在极特殊情况下出现冻害，多以冷害为主，一般在突然大幅降温时出现。

表现症状：在植株的下部叶片，主要表现为叶片轻微皱缩、卷曲，出现水渍状斑点，叶缘褪绿发黄，后逐渐变褐色坏死，严重时黄瓜植株叶片下垂、萎蔫。遇突然强降温天气，黄瓜植株上部则发生急性冷害，叶边缘或整个叶片呈水浸状，褪绿色，很快变黄腐烂或干枯。温度降得愈低，低温时间持续愈长，黄瓜冷害愈重。

图 7-3-14 持续低温致下部叶片萎蔫

发生原因：冬季遇寒流侵袭突然降温或降雪，会出现上述症状。南方冬春季节也易发生冷害。

解决办法：①北方地区越冬栽培，多层覆盖，保温增温。②采用临时措施取暖，如加热设备等。③熏烟防寒。在寒流来时，每隔2小时点一些秸秆发烟，可减轻冷、冻害。但熏烟量不可过大，否则会熏死植株。④南方地区栽培，可适当晚播，避过寒流出现的时间。

第四节　黄瓜高温障碍

一般发生在夏季露地栽培中。黄瓜对高温的忍耐能力也较差，一般在35℃左右，植株的同化和呼吸消耗处于平衡状态；35℃以上则生育不良；40℃以上则会引起落花落果。

黄瓜高温障碍一般指黄瓜在持续高温条件下所表现出来的在生长、发育方面的问题，在越夏露地栽培中问题突出。

表现症状：①黄叶。植株叶片从上到下均匀黄化，植株生长缓慢，严重时叶片向下卷，后期叶片变脆，植株停止生长，结瓜少或不结瓜，主要与品种耐热性有关。②植株矮化。秋大棚播种，出苗后遇高温，植株生长缓慢，节间短，叶片呈正常绿色，直到温度有所下降时才开始正常生长。③徒长。一般发生在越夏栽培保护地中，尤其在覆盖遮阳网的条件下发生较多，叶片薄，叶色浅，节间伸长，主要是因为光照弱、夜温高导致。④第一雌花节位高，且雌花少，雄花多，有时还容易造成植株疯长，导致化瓜。⑤结瓜少，畸形瓜多；植株易早衰。

图 7-4-1 高温黄叶前期

图 7-4-2 高温黄叶后期

图 7-4-3 高温矮化植株与正常植株

发生原因：①与品种耐受性有关。黄瓜品种对高温的适应性不同，因而表现出不同的症状。②高温不利于雌花分化，导致植株生长过旺，引起化瓜。③高温还导致呼吸消耗增加，影响瓜条的生长，影响产量和品质。④高地温导致黄瓜根系老化，吸收养分能力差。

解决办法：①选择耐高温品种，如津优1号、津优4号、津优12号、津优48号、津优401号、津优407、津优408号、津优409号、津春4号、津春5号、中农106号、中农118号、京研207号等。②田间可覆盖遮阳网遮阴，避免叶部伤害，降低地温。③田间黄瓜勤浇水、涝浇园，降低地温，避免高温对根系的伤害。④夏秋种植黄瓜可喷施乙烯利，促进雌花分化，避免瓜秧徒长。⑤适当增施磷、钾肥，也可喷施多元复合有机活性液肥或磷酸二氢钾0.1%溶液或0.1%的尿素溶液作根外追肥2～3次，可有效提高植株的抗热能力。

第五节　黄瓜的肥害、药害

施肥是黄瓜生产的基础，打药则是黄瓜安全生产的必要措施。由于肥料、农药本身的质量及使用者操作不当、施药天气不适宜等原因，造成肥害、药害的事件时有发生，给黄瓜生产带来程度不同的损失。

一、烧根

一般发生在幼苗移栽后，由于土壤中施肥过量或施入未经完全腐熟的有机肥，或土壤中农药使用过量，导致烧根发生。

表现症状：地上部幼苗移栽后缓苗慢，叶片颜色变黄、厚而小，主茎短，节间短，植株逐渐萎缩，根系失水呈黄色干柴状。肥料发酵或分解产生“氨”气，使叶片叶缘黄化出现“镶金边”，叶缘向下翻卷，严重时叶片叶肉枯死。

发生原因：施用的有机肥未充分腐熟，发酵过程中产生热量，烧伤根部；肥料产生的氨气直接造成对根部的伤害；化肥施用量大或者施用不均匀，造成土壤离子浓度过高导致烧根；土壤中使用过量农药烧根。

解决办法：①施用有机肥要充分腐熟，施肥后翻地，最好在施肥后 7～10 天移栽幼苗；②化肥的施用注意平衡施肥，撒匀；③农药使用严格按照使用说明操作，避免过量；④轻度烧根时及时浇灌大水，减轻危害，通过栽培管理及药剂施用促进新根的发生。

二、黄瓜氨害

氨害是棚室黄瓜种植的常见病。由于棚室通风不便，温度高、湿度大，植株生长旺盛，容易受到氨气的危害。

表现症状：受害植株中部叶片首先表现症状，后逐渐向上、向下扩展，受害叶片的叶缘、叶脉间出现水浸状斑点，严重时呈水烫状大型斑块，而后叶肉组织白化、变褐，2～3 天后受害部干枯，病健部界限明显。叶背面受害处有下凹状。受到过量氨气危害的黄瓜，突然揭去覆盖物时，则会出现大片或全部植株如同遭受重霜或强寒流侵袭的样子，植株最终变为黄白色。

图 7-5-1 氨　害

发生原因：温室大棚内氨气大量发生并迅速积累，通常是由施肥不当直接造成的。①施入易挥发氮肥，如氨水、碳酸氢铵，或一次性施入过多尿素、硫酸铵、硝酸铵，施后没有及时盖土或灌水，都会释放出氨气。②施入有机肥过多或有机肥没有腐熟时，也会释放出大量氨气。③如果大棚内空气中氨气的含量达到4.5～5.5毫克/升时，就会对黄瓜产生危害，出现水浸状斑点，随着氨气浓度的增加，植株叶片继而褐变枯死。如果不能及时地排除，就有可能造成氨气毒害。

防治方法：①施用酵素菌沤制的堆肥或腐熟的有机肥，使用的有机肥要充分腐熟。②采用配方施肥技术，适当增施磷钾肥，避免偏施氮肥，化肥和有机肥要深施；肥料追施要少量多次；适墒施肥，或施后灌水，使肥料能及时分解释放。③经常注意检查是否有氨气产生。当嗅出有氨味时，立即用pH试纸蘸取棚膜上的水滴进行测试，当pH值达到8以上时，可认为有氨气的发生和积累，必须及时放风排气，否则容易发生中毒现象，并在大棚内洒些水，以吸收氨气和亚硝酸气体，减轻其危害。④发生有害气体危害后，要立即通风换气，去掉受害叶，保留尚绿的叶，加强肥水管理，逐渐恢复生长；或用食用醋加微肥喷施叶片正反面，效果也很好。

三、三唑酮药害

三唑酮是一种高效、低毒、低残留、持效期长、内吸性强的三唑类杀菌剂。被植物的各部分吸收后，能在植物体内传导。对锈病和白粉病具有预防、铲除、治 疗等作用。对鱼类及鸟类较安全，对蜜蜂和天敌无害。三唑酮的杀菌机制原理极为复杂，主要是抑制菌体麦角甾醇的生物合成，因而抑制或干扰菌体附着孢、吸器的发育及菌丝的生长和孢子的形成。三唑酮对某些病菌在活体中活性很强，但离体效果很差。对菌丝的活性比对孢子强。三唑酮可以与许多杀菌剂、杀虫剂、除草剂等现混现用。黄瓜对三唑酮较为敏感，使用不当容易发生药害。

表现症状：轻度受害植株叶片逐渐老化，叶片皱缩，叶缘黄化，后期叶片变黄、变脆；植株节间缩短，生长缓慢；用药浓度大时，可造成整株或全田叶片黄化，光合作用下降，植株逐渐老化。

图 7-5-2 三唑酮药害叶片黄化

图 7-5-3 三唑酮药害叶片皱缩

发生原因：①用药浓度高。②高温下打药造成水分蒸发快，相对增加了药剂浓度，高温也会加重药剂的伤害。③阴雨天，药剂在叶片上停留的时间长，也会对叶片造成伤害。④打药次数频繁。

解决办法：①严格按照说明使用药剂，一个生长周期使用不超过 3 次，使用浓度适宜。②打药时间在下午 4 点以后，避免高温导致药害，阴雨天不打药。③打药浓度过高，及时喷清水冲洗，并浇灌大水；产生药害时喷施赤霉素可以缓解。

四、乙烯利药害

乙烯利是一种高效植物生长调节剂，具有增加雌花的作用，在黄瓜生产上广泛使用。 但由于生产上一些菜农不能准确掌握施用浓度，常因浓度过高而使幼苗生长停滞，出现花打顶或形成僵苗，严重时生长点干枯死亡。乙烯利的使用效果还与喷施的次数、温湿度等环境条件有关。

表现症状：植株矮化，叶色深绿，叶片厚，严重时叶片畸形，植株生长受抑制。

发生原因：①使用浓度过大，乙烯利的浓度大于 200 毫克 / 升即发生药害。②使用次数多。③高温下喷施，或阴雨天喷施。

解决办法：①立即喷清水。②喷施 20 ~ 50 毫克 / 升赤霉素溶液进行逆向调节，隔 7 天再喷一次，一般 15 天左右能恢复正常生长。③及时增施速效氮肥，同时增加灌水次数，保证肥水供应充

图 7-5-4 乙烯利药害

图 7-5-5 乙烯利导致叶缘枯死

图 7-5-6 乙烯利导致生长点异常

图 7-5-7 乙烯利导致生长点枯死

图 7-5-8 乙烯利药害

足。④提高棚温，正常情况下，黄瓜幼苗期温度白天控制在 25～28℃，夜间控制在 13～15℃。出现药害后，白天棚温提高到 30℃左右，夜间保持原来的温度，以促进幼苗生长和雌花继续分化。

五、除草剂药害

随着除草剂的广泛使用，除草剂药害频发。黄瓜对除草剂很敏感，除草剂危害造成的后果也极为严重。

表现症状：轻者致黄瓜叶片皱缩、畸形，节间缩短，植株生长缓慢，重者叶片产生黄色枯斑，龙头皱缩，生长点枯死，停止生长甚至干枯。如果误喷了除草剂，则很快造成植株叶片翻卷、下垂，严重的全株枯死。发病原因：①育苗或播种、定植的土壤中使用过除草剂，导致幼苗发病，可造成植株畸形、僵化。②如果喷雾器未清洗干净，里边还残留有除草剂，喷施杀菌剂、杀虫剂后，可引起药害。③误喷除草剂会造成很严重的药害。④露地其他作物上喷施除草剂，借风力漂移，对黄瓜造成危害。⑤在小麦收获后，阴雨天到来之前，田间大量喷施除草剂时，空气中的除草剂会造成黄瓜上部幼嫩茎叶受害。

图 7-5-9 药害叶片皱缩、焦边

图 7-5-10 药害叶片枯斑

解决办法：①田间育苗时避免使用有除草剂的土壤，种植黄瓜的地块避免使用除草剂。②喷雾器单独使用。③露地栽培黄瓜与小麦等大田作物相邻时，可设置保护行，减轻危害。④遇空气中有不可避免的除草剂危害时，及时喷清水，缓解危害。⑤危害发生时，可喷施赤霉素。

六、其他药害

农药使用不当或过量，均可能产生药害，最常见的症状主要有四种类型："金边叶"、"焦边叶"、叶片皱缩、叶片枯斑，严重时整株或全田枯死。

第八章　黄瓜病害的诊断

第一节　温室大棚黄瓜病害识别的复杂性

温室大棚环境复杂多变，黄瓜病害发生的种类多，既有侵染性病害，又有生理性病害；而且这些病害又经常同时发生，这难免给识别和诊断带来很大的困难。特别是由于下列的原因，可能使识别和诊断工作变得更加复杂化。

环境特殊，常见的病害典型症状不明显：温室大棚和露地条件不同，由于环境条件特殊，使得一些主要病害的典型症状在温室大棚里的表现发生变化。如黄瓜霜霉病在温室里的病斑就要比露地条件下为大，因为在这种条件下病原菌可以侵染到叶脉上。在低温下，黄瓜炭疽病在叶片上也失去了边缘比较明显的近圆形、黄褐色病斑这一典型症状，而变成了边界不清的灰白色褪绿浸润状污斑。有关温室大棚条件下不同病害的症状表现，国内研究和积累的资料还比较少，无疑给从事实际工作的人员带来困难。

条件适宜，多种侵染病害混合发生：温室大棚特别是日光温室不易克服的高温条件，常为多种病的发生提供了条件。因此，常可见到在温室大棚里多种病害同时发生，特别是一些症状比较接近的病害的混合发生，无疑要给识别带来困难。譬如在低温寡照时期，日光温室里黄瓜可能在多种细菌性病害发生的同时，也会混有霜霉病、炭疽病、疫病和灰霉病等侵染病害的发生。而有些病害的症状非常接近，譬如同样是在叶面出现圆形和近圆形病斑，就有可能是炭疽病、红粉病、叶点霉叶枯病、长蠕孢圆叶枯病、细菌性圆斑病、圆叶枯病等。经验不足，技术不熟练，就比较难以做出准确判断。

非侵染病害发生的频繁，常会给人造成错觉：温室大棚中，常因光照、温度、水分、空气、土壤和营养、用药以及栽培管理的不适而引起造成植株生育异常的生理病害，生理病害又常常比侵染性病害发生得普遍和频繁。生理性病害还经常与侵染性病害交混发生，在这种情况下，如果缺乏经验或技术不熟练，往往很难在一个较短的时间里做出明确的诊断。

新的病害不断地出现，诊断时缺乏经验和资料：在温室大棚中，过去较少引起人们注意的一些次要病害，可能由于品种、环境和栽培技术的改变而迅速发展成为主导病害，而且新的病害也在不断地出现，如黄瓜红粉病、长孺孢圆叶枯病、菊巨假单孢病就是近年来在温室大棚发生的新病害。

第二节　黄瓜不同类型病害的诊断要点

1. 真菌性、卵菌病害的诊断：主要症状是坏死、腐烂和萎蔫，少数为畸形。特别是病斑上有霉状物、粒状物和粉状物等病征。病害的发生一般具有明显的发病中心，然后迅速向四周扩散，通常成片发生。

2. 细菌性病害的诊断：主要症状有坏死、腐烂、萎蔫和肿瘤等，变色的较少，并时常有菌脓溢出。特点一是受害组织表面常为水渍状和油渍状；二是在潮湿条件下病部有黄褐色或乳白色、胶粘、似水珠状的菌脓；三是腐烂型病害患部往往有恶臭味。

3. 病毒病害的诊断：主要症状是花叶、黄化、矮缩、皱缩、丛枝等，少数为坏死斑点。

4. 线虫病害的诊断：主要症状是植株矮小、叶片黄化、局部畸形和根部腐烂等，特别是根部。

5. 非侵染性病害的诊断：①病害发生一般表现为较大面积同时发生，一般无发病中心，以散发为多。发病时间短，如由于大气、水、土壤的污染或气候因素引起的冻害、干热风、日灼等病害。②病害田间分布较均匀，发病程度可由轻到重，但没有由点到面的过程，即没有发病中心。③发病部位在植株上分布比较一致，有些表现在上部或下部叶片，有些表现在叶缘，有些表现在花、嫩枝、生长点等器官，有些表现在向阳或迎风的部位等。④症状表现没有病征，病斑不规则。⑤在适当的条件下，有的病状可以消除。

第三篇

虫害防治

第九章　危害茎叶果的害虫

危害黄瓜茎叶果的害虫主要是昆虫和螨类，如：粉虱、蚜虫、斑潜蝇、菜青虫、蓟马、朱砂叶螨、瓜绢螟等。

第一节　粉虱

一、概述

长期以来，在北方温室中发生的粉虱均为温室白粉虱，但从1995年以后，烟粉虱在部分温室中也逐渐蔓延开来，并且还可露地发生，尤以B型烟粉虱比其他型烟粉虱有更强的适应能力，为害最重。

温室白粉虱（*Trialeurodes vaporariorum* Westwood）俗称小白蛾子，属同翅目、粉虱科。为世界性害虫，广泛分布于欧洲、亚洲、非洲、美洲和大洋洲等多个国家和地区。其繁殖力强、速度快、种群数量大。寄主范围十分广泛，据统计包括121科898种植物，其中主要蔬菜有黄瓜、南瓜、冬瓜、西葫芦、芸豆、架豆、番茄、茄子、莴苣、辣椒；观赏植物有倒挂金钟、夜来香、洋金枣、杜鹃、牡丹、天竺葵、绣球、月季、菊花、向日葵。

烟粉虱又称棉粉虱、甘薯粉虱，属同翅目、粉虱科。也是一种世界性害虫，原发于热带和亚热带地区，现已成为美国、印度、巴基斯坦、苏丹、以色列、中国、日本、马来西亚、非洲、北美等国家和地区农业的重要害虫，有时造成损失可达七成以上。B型烟粉虱（*Bemisia tabaci* Gennadius），起源于北非和中东，随一品红花卉贸易传播各国，寄主范围也十分广泛，保守估计超过 74 科 500 种以上植物，严重受害的作物有甘蓝、青花菜、花椰菜、茄子、番茄、黄瓜、甜瓜、西瓜、南瓜、西葫芦、棉花、甜菜、豆类、芝麻、花生、马铃薯、甘薯、烟草、苜蓿、向日葵等；花卉有一品红、扶桑、蜀葵、秋葵、木槿、秋海棠、万寿菊、夹竹桃、南天竹等；药材有黄芩、地黄、桔梗、黄芪等。

二、形态特征

两种粉虱的区别如下：

成虫：温室白粉虱雌雄成虫均比烟粉虱大，雌虫体长 1.06 ± 0.04 毫米，雄虫体长 0.99 ± 0.03 毫米，两翅合拢时，平覆在腹部上，通常腹部被遮盖。烟粉虱大小随寄主有差异，雌虫体长 0.81～0.91 毫米，雄虫体长 0.71～0.85 毫米，两翅合拢时，呈屋脊状。通常两翅中间可见到黄色的腹部，雌雄成虫排列在一起的概率比温室白粉虱大。两者雌虫腹末钝圆，雄虫腹末则较尖。其中温室白粉虱雄虫腹末面中央的黑褐色阳具明显。两者成虫均触角 7 节，基部 2 节粗短，鞭节细长，褐色，各节具有 10 个环纹，末端具 1 刚毛。复眼哑铃形，红褐色，单眼两个。喙 3 节，口针细长，均为褐色。翅白色，前翅具 2 脉，1 长 1 短，后翅 1 脉。足 3 对，足基节膨大粗短，跗节 2 节，具 2 爪。

卵：均为长椭圆形，顶部尖，卵长椭圆形，有卵柄。卵变色均由顶部开始逐渐扩展到基部，一般温室白粉虱的卵色由白到黄，孵化前变黑，卵上覆盖成虫产的蜡粉较明显。烟粉虱的卵色为白到黄或琥珀色，孵化前变褐色。两个种群同时发生时，卵的区分较困难。

若虫：两者的低龄若虫很难区别，一般温室白粉虱若虫体缘有蜡丝而烟粉虱无，2 龄以后的若虫温室白粉虱比烟粉虱的大。若虫 3 龄，长椭圆形，扁平，淡黄色或黄绿色，半透明，体侧有刺。

拟蛹：温室白粉虱拟蛹椭圆形，边缘垂直，似蛋糕状，乳白或淡黄色，半透明，边缘有蜡丝，背上通常有发达直立的长刺毛 5～8 对；皿状孔长心脏形，舌状突短，上有小瘤状突起多个，轮廓呈三叶草状，顶端有1对刚毛，亚缘体周边单列分布，有60多个小乳突，背盘区还对称有4～5个较大的圆锥形大乳突。被寄生的拟蛹为黑紫色。烟粉虱拟蛹的外观为椭圆形，边缘自然倾斜，通常无刺毛，颜色为淡绿色至黄色，有1对红眼睛，在多毛的叶片上，拟蛹背面可具刺毛；皿状孔为长三角形，舌状突长，匙状，顶端有一对毛，尾沟基部有瘤状突起5～7个。被寄生的拟蛹为深褐色。两者成虫羽化均经拟蛹背面的倒"T"形裂缝中脱出。拟蛹壳上有圆形孔的均为该拟蛹寄生蜂的羽化孔。

三、为害症状

以成虫和若虫群栖于叶背刺吸叶片汁液，被害叶片褪绿、变黄、萎蔫，植株生长衰弱，严重时全株枯死。除直接危害外，成虫、若虫均能分泌大量蜜露污染叶片、花蕾和果实，引起煤污病，影响光合作用和外观品质，造成减产并降低商品价值。还作为病毒的传播媒介，引起病毒病发生。据报道，粉虱可在30种作物上传播70种病毒病，传播病毒病所造成的经济损失甚至比直接为害还要严重。

图9-1-1 温室白粉虱

图9-1-2 温室白粉虱

四、发生规律

温室白粉虱和烟粉虱几乎全国各地均有发生。在温室、冬暖式大棚中越冬并继续为害。来年4月中旬以后，陆续迁往露地黄瓜上为害，7～8 月成虫密度增长较快，8～9 月间为害严重，10 月中下旬以后气温下降，虫口数量逐渐减少，开始向温室内迁移。在北方温室一般可发生 10 代，虫态历期短，出现世代重叠严重。生殖方式为有性生殖和孤雌生殖，有性生殖可产生雌虫，孤雌生殖产雄。成虫羽化后 1～3 天可交配产卵，每雌虫产卵 100～200 粒或更多，温室白粉虱卵多产在上部嫩叶上。3 天若虫开始危害叶部背面。在植株上各虫态的分布有一定规律，最上部以成虫和初产的淡黄色卵为最多，上中部的叶片多为初龄若虫，中部叶片多为中、老龄若虫，最下部叶片以蛹为多（烟粉虱嗜好在中上部成熟叶片上产卵，而在原为害叶上产卵很少；卵不规则散产，多产在背面。烟粉虱在寄主植株上的分布有逐渐由中、下部向上部转移的趋势，成虫主要集中在下部，从下到上，卵及 1～2 龄若虫的数量逐渐增多，3～4 龄若虫及蛹壳的数量逐渐减少）。成虫对黄色有强烈的趋性，但忌避白色、银灰色。温室白粉虱抗寒性较差，但在北方由于温室和露地蔬菜生产紧密衔接和相互交替，可使白粉虱周年发生。我国南方发生较少，这与夏季高温有关。温室白粉虱生长、发育和繁殖的最适温度为 20～28℃，相对湿度 40%～80%。当温度超出 30℃时，卵、若虫死亡率高，成虫寿命缩短，产卵少，甚至不繁殖。所以夏季凉爽、冬天越冬环境较好的地区发生较多。

五、防治措施

粉虱由于成虫及若虫对作物均有危害，且成虫具有迁飞性特点，给防治带来极大的困难，因此要考虑综合防治、集中防治。现在市场上大多数防治用药均不太理想，只突出了对若虫及成虫之一的防治，具有片面性。

1. 培育无虫苗：定植前温室要消毒，种苗、残茬带虫是该虫传播的重要途径，所以定植前对种苗用 3% 吡虫清 1500 倍液喷雾。

2. 色板诱杀与拒避：成虫对黄色有较强的趋性，但忌避白色、银灰色。在温室、大棚的门窗或通风口，悬挂白色或银白色的塑料条，可拒避成虫侵入。在室内设置黄色诱虫板，抹 10 或 11 号机油，挂在行间1.5米高处，有明显的诱虫效果。

3. 注意安排茬口，合理布局：在温室、大棚内，黄瓜、番茄、茄子、辣椒、菜豆等不要混栽，有条件的可与芹菜、韭菜、蒜、蒜黄等间套种，以防粉虱传播蔓延。

4. 药剂防治：在粉虱种群密度较低时早期施药，必须连续几次用药才能控制为害。力求掌握在点片发生阶段用药，使用的药剂有25%阿克泰水分散粒剂1000倍液，25%扑虱灵1500倍液，5%高效氯氰菊酯乳油1500倍液，10%联苯菊酯乳油1000～2000倍液，20%灭扫利乳油2000倍液，1%甲氨基阿维菌素苯甲酸盐1500倍液，20%氯虫苯甲酰胺悬浮剂2000倍液等喷雾。在用药时，应在药液中混加300倍液的洗衣粉，可明显提高药效，否则难以杀灭成虫。

第二节　蚜虫

一、概述

蚜虫又称"腻虫"、"蜜虫"，是黄瓜生产中经常发生的害虫。为害黄瓜的蚜虫主要为棉蚜（*Aphis gossypii* Gloyer），分类上属同翅目、蚜总科。瓜蚜分布广（北纬60°至南纬40°范围内），寄主范围广(70多科近300种寄主植物)。

二、形态特征

1. 成蚜分为干母、有翅孤雌胎生蚜、无翅胎生蚜等。

干母：是由越冬卵孵化的无翅孤雌胎生蚜，体长1.7毫米，暗绿色，复眼红褐色。

有翅孤雌胎生蚜：体长1.2～1.9毫米，黄色、浅绿色或深绿色；头胸大部分为黑色，具有翅膀；无翅胎生蚜体长1.5～1.9毫米，黄色、绿色或深绿色，夏季以黄色居多。

无翅胎生雌蚜：体长1.5～1.9mm，夏季黄绿色，春、秋墨绿色。触角第3节无感觉圈，第5节有1个，第6节膨大部有3～4个。体表被薄蜡粉。尾片两侧各具毛3根。

2. 若蚜：分为有翅蚜和无翅蚜两种。无翅若蚜体长1.63毫米，夏季体色淡黄色或黄绿色，复眼红色；有翅若蚜体型类似无翅若蚜，夏季淡黄色、秋季灰黄色，2龄出现翅芽，翅芽后半部为灰黑色。

三、为害症状

主要以成虫、若虫成群密集在叶片、叶背、嫩茎、花蕾、顶芽等部位，刺吸汁液，使细胞受到破坏，生长失去平衡，叶片向背面卷曲皱缩，并排泄蜜露造成污斑。瓜苗嫩叶及生长点被害后，叶片卷缩、萎蔫，瓜苗生长缓慢萎蔫，甚至使植株提前枯死；成株叶片受害，提前枯落，缩短结瓜期，降低产量，还能传播多种病毒。

图 9-2-1 蚜虫为害叶片

图 9-2-2 叶背面蚜虫为害

图 9-2-3 蚜虫为害幼瓜

四、发生规律

蚜虫一般以卵在树木枝条和枯草基部越冬，也可以成蚜或若蚜在温室的蔬菜、花卉植株上越冬。越冬卵孵化出的蚜虫称为干母，干母生出的后代称为干雌，干雌在越冬寄主上繁殖2～3代后产生有翅蚜，有翅蚜向其他黄瓜植株或其他寄主上迁飞扩散，并不断地以孤雌胎生（母蚜不经过交配，直接产生若蚜）的方式繁殖有翅和无翅蚜，增殖扩散加重为害。秋凉后又飞回过冬植物上，产生两性蚜交尾产卵过冬，或迁飞到越冬寄主上，进入温室继续繁殖为害瓜菜。

瓜蚜繁殖力很强，早春和晚秋19～20天完成一代，夏季4～5天完成一代，1年能繁殖10～30个世代，世代重叠现象突出。当5天的平均气温稳定上升到12℃以上时，便开始繁殖，气温为16～22℃时最适宜蚜虫繁育，每一雌蚜在环境条件适宜时，一生可产若蚜达60～70个。若蚜蜕皮4次变为成蚜。瓜蚜远距离扩散蔓延通过有翅蚜迁飞来进行，一年内三次迁飞。第一次由冬寄主向夏寄主上迁飞，由于冬寄主已衰老，营养条件恶化引起。第二次迁飞是在夏季，也就是夏寄主间的扩大蔓延迁飞。第三次迁飞是由秋寄主向冬寄主迁飞。由于一年中瓜类蔬菜生产种类多，茬次也多，迁飞规律较为复杂。瓜蚜由冬寄主向夏寄主上迁飞，往往只形成点片发生，此时蚜量不大，为害较轻。但夏寄主上的迁飞，就形成大面积普遍为害，为害比较严重。

高温高湿和降雨冲刷，不利于黄瓜蚜虫生长发育，为害减轻，一般杂草多及通风不良的地块发病重。瓜蚜有翅蚜有趋黄性，对银灰色有负趋性。

五、防治措施

1. 注意田间卫生，及时处理病残株，铲除杂草，处理残枝败叶，消灭滋生蚜虫的场所。

2. 利用黄板诱杀，采用银灰色薄膜进行地面覆盖，或在大棚、温室等田间悬挂银灰色薄膜条，可起到避虫的作用。黄板设置应高于植株顶部。地边、棚室四周悬挂银色塑料条带忌避。

生物防治可用微生物农药 BT 乳剂喷洒防治。

3. 保护地用阿克泰烟剂，每次 400～500 克，分 4～5 堆暗火点燃，密闭 3 小时，效果可达 90% 以上。

发生初期用 50% 磷胺乳剂 2000 倍液喷洒植株，每 3～5 天喷洒 1 次，连续 3 次，可消灭蚜虫。或用苦参碱杀虫剂 1000 倍液，20% 氰戊菊酯乳油 1000 倍液，10% 联苯菊酯乳油 1000 倍液，10% 高效氯氰菊酯乳油 3000～4000 倍液。抗蚜威对瓜蚜效果差，不宜使用，或用 1：15 的比例配制烟叶水，泡制 4 小时后喷洒。以烟筋 0.5 千克，生石灰 0.25 千克，加水 10～15 升，浸泡一昼夜，过滤去渣后用以喷雾防治，其效果好。注意轮用与混用，以延缓抗药性的产生。

第三节 斑潜蝇

一、概述

危害黄瓜的斑潜蝇主要有美洲斑潜蝇 (*Liriomyza sativae* Blanchard）和南美斑潜蝇 (*L. huidobrensis* Blanchard）。这两种斑潜蝇均为上世纪 90 年代传入我国，并迅速蔓延，成为危害农作物生长的主要害虫，为我国的检疫性害虫。斑潜蝇寄主范围广，生活周期短，世代重叠明显，繁殖力强，对化学农药容易产生抗药性，防治难度大。

美洲斑潜蝇（*Liriomyza sativae* Blanchard）：又叫“蔬菜潜蝇”、“苜蓿斑潜蝇”，属双翅目、潜蝇科。幼虫潜食叶片上下表皮之间的叶肉，形成隧道，有“鬼画符”之称。全国各地均有发生，很多地区黄瓜受害较重，受害率达 100%，叶片受害率在 70% 以上。严重受害的叶片枯萎、脱落，一般减产 30%，严重的造成绝收。美洲斑潜蝇适应的温度范围较广，相对较高的温度有利于种群的发育，其发生趋向高温地区，在夏季高温季节以美洲斑潜蝇发生为主。

美洲斑潜蝇寄主种类多，主要危害豆科、葫芦科、茄科、十字花科等140余种作物。

南美斑潜蝇（L. *huidobrenisis* Blanchard）：又名拉美斑潜蝇，属双翅目、潜蝇科、斑潜蝇属。原产南美洲，是一种毁灭性检疫害虫。1926年在阿根廷瓜叶菊上首次发现和记载，国内于1993年首次在云南省发现。目前在我国南北各地发生，特别是在北方地区和南方高山地区已成为优势种群，为害严重时可以造成大面积的幼苗死亡或植株枯萎，甚至完全绝收，给农业生产造成了巨大损失。南美斑潜蝇繁殖力强，防治难度大。南美斑潜蝇比美洲斑潜蝇耐寒，在温和或冷凉地区种群数量明显增多，且发生普遍。南美斑潜蝇寄主范围广泛，除黄瓜外，还可为害蚕豆、豌豆、油菜、芹菜、小麦、大麦、烟草、菊花、鸡冠花、香石竹等花卉和药用植物及烟草等，在云南已查明的寄主植物种类达39科287种，主要危害13科35种。

二、形态特征

美洲斑潜蝇和南美斑潜蝇的鉴别：

成虫：美洲斑潜蝇虫体较小，体长2.0～2.5毫米；亮黑色，翅长1.30～1.80毫米，头部鲜黄色，外顶鬃着生处黑褐色，内顶鬃常着生在黄褐交界处，胸部中侧片黄色，下缘至1/2处带黑色斑；足基节、腿节黄色。南美斑潜蝇成虫体稍大，体长2.5～3.0毫米；翅长1.70～2.25毫米，浅灰黑色，胸背板呈亮黑色，腹面黄色。双顶鬃着生处黑色，足基节黄色具有黑斑，腿节具黑色条纹，胸部中侧片下部黑色达3/4～1/2处，有时几乎充满，仅上缘黄色；足的基节、腿节黄色具黑纹至几乎全黑色。

幼虫：美洲斑潜蝇幼虫体长2.5～3.0毫米，橙黄色，后气门突分叉，各具1个气孔，虫道多在叶片的上表面。南美斑潜蝇幼虫体长3.0～3.5毫米，乳白色，少数局部带有黄斑，后气门突各呈扇形，沿前缘开6～9个气孔，虫道多在叶片的下表面。

蛹：美洲斑潜蝇蛹为鲜黄色，渐变为黄褐色，椭圆形，约1.3～2.3毫米；南美斑潜蝇蛹则由浅黑色变为黑褐色，且体形大，2.5～3.0毫米。

三、为害症状

美洲斑潜蝇：以成、幼虫主要为害黄瓜叶片，雌成虫飞翔刺伤植物叶片进行取食和产卵，幼虫孵化后蛀食栅栏组织而在叶正面形成不规则蛇形白色虫道，随着幼虫逐渐老熟，虫道终端明显变宽，最后潜道内的虫粪呈断线状排列。老熟幼虫从潜道顶端破孔钻出，在叶正面或坠落入土化蛹。为害严重时，叶片受损枯黄，失去光合能力，导致落花、落叶，严重影响产量。

南美斑潜蝇：成虫吸食叶片汁液，造成近圆形刻点状凹陷。成虫用产卵器把卵产在叶中，在叶片的上下表皮均可产卵，幼虫孵化后既可蛀食栅栏组织又能取食海绵组织，造成曲曲弯弯的隧道，隧道相互交叉，逐渐连成一片，其造成的潜道在叶的正面和反面均有，同时还常沿脉蛀食，甚至可蛀入叶柄皮下部；老熟幼虫绝大多数从叶背面钻出，在叶背面或坠落入土壤中化蛹，也有少数个体化蛹时只有一半虫体爬出，偶尔也有个别虫在潜道内化蛹。严重影响光合作用，叶片过早脱落或枯死。

图9-3-1 斑潜蝇为害状

图9-3-2 斑潜蝇为害状

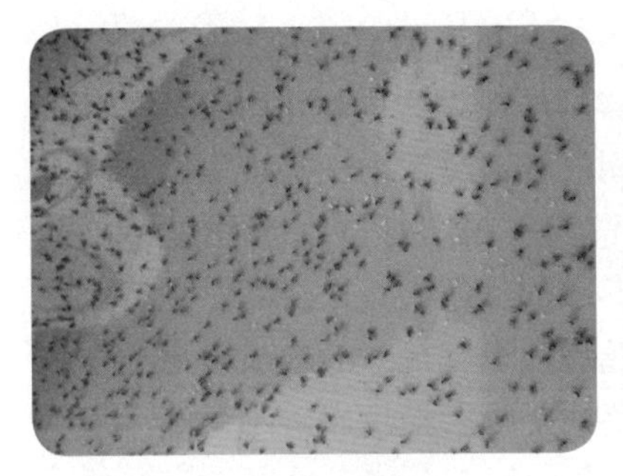

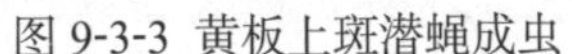
图 9-3-3 黄板上斑潜蝇成虫

图 9-3-4 黄板诱杀斑潜蝇

四、发生规律

美洲斑潜蝇的发育起点温度为 14℃，适宜温度为 20～30℃，在 25～32℃下完成一代需要 13～18 天。

在温室和冬暖式大棚内越冬，甚至在简易弓棚内也无法越冬。成虫大部分在上午羽化，上午 8 时至下午 2 时是成虫羽化高峰期，羽化最适温度为 25℃，最适相对湿度为 100%。幼虫期一般为 3～8 天，在 25℃时仅 3.8 天。老熟幼虫爬出叶片后一般几小时内完成化蛹，在 28℃下，蛹期为 8～10 天。羽化当天即可交配，雌雄可多次交配。交配后第二天产卵。卵散产于寄主植物叶肉组织内。由雌虫用产卵器在叶片上刺孔，待汁液流出，即进行取食。幼虫钻蛀取食叶片上表层组织形成虫道，虫道主要出现在叶片正面。老熟幼虫在虫道端部或近端部划开一半圆形缝，钻出叶片。大部分落到地面钻入土层化蛹，少数粘着在叶片上化蛹。降雨多、湿度大，有利于成虫产卵与幼虫的孵出，发生严重，干旱年份发生则轻。

华北地区年发生 5～8 代，5～7 月份和 8～10 月份发生较重；华中地区年发生 9～11 代，4～7 月份和 9～11 月份发生较重；华南地区年发生 12～15 代，3～6 月份和 9～12 月份发生较重。

南美斑潜蝇：发育起点温度 10.9℃，最适发育和繁殖温度为 20～24℃，完成一个世代需要 17.5～24 天。

最适羽化温度为 20℃，最适相对湿度为 90%。成虫从羽化到自然死亡需要10～15天。羽化当天即可交配，雌雄可多次交配。交配后第二天产卵。雌虫以产卵器刺伤叶片，从刺孔取食汁液和产卵，卵散产于叶片的上下表皮之间的叶肉组织中，一般一个产卵孔中一粒卵，乳白色。卵的最适发育温度22～26℃，卵孵化后幼虫在叶肉组织内潜食。最初在叶面形成丝状危害点，随着幼虫龄期的增大，逐渐形成由细渐粗的弯曲蛇形潜道，最后幼虫咬破潜道上表皮，爬出叶面，在叶面的暗处或落地化蛹。幼虫发育的最适温度为22～26℃，蛹发育的最适温度为22～28℃。冀东地区温室一年发生10～13代，露地年发生5～6代。成虫期1～3天，卵期3～6天，幼虫期3～8天，蛹期7～10天。24℃下成虫取食最为活跃。一年约发生13～18代。

五、防治措施

斑潜蝇防治很困难。该虫由于成虫具有迁飞性，防治时具有熏蒸作用的药剂效果较好，幼虫潜伏在作物茎、叶表皮内部，一般药剂很难渗透进去，防治时要选择具有内吸渗透性的药剂效果会更好。以阿维菌素类药剂为主，但已产生抗性，注意轮换用药。

1. 农业防治

①低温冷冻。冬季育苗前，棚室昼夜敞开，在低温环境中保持7～10天，消灭越冬虫源。

②深翻土壤大于15厘米，用水淹地3天以上，可杀灭大部分蛹体。水旱轮作利于昆虫的防治。

③保护地栽培时，在防风口处张挂防虫网，将外界虫源隔离在棚室之外。

④高温闷棚。夏季高温期，上茬蔬菜收货后，将棚室密闭，闷棚一周，棚室内白天温度可达55℃左右，能杀死大量虫源。当棚室内种植黄瓜时，高温闷棚操作方法：于闷棚前一天灌水，密闭棚室风口闷棚，温度达43℃时开始计时，棚内温度掌握在42～48℃之间，处理2小时，从顶部慢慢加大放风口，使棚室温度逐渐下降。

⑤合理布局。避免大面积种植单一感虫植物，不连作或瓜、豆轮作或邻作；调整种植模式，夏、秋季少种感虫作物。

⑥加强肥水管理。在化蛹高峰期适当浇水，提高土壤含水量，创造不利于斑潜蝇蛹生存的环境，抑制其种群增长。避免偏施氮肥，使用有机肥或配合肥。

2. 利用天敌。用 40 目尼龙纱网制寄生蜂增殖袋（长 50 厘米，宽 30 厘米）。在幼虫发生始盛期摘除幼虫严重寄生的叶片，置于养虫袋内，扎好口，平放于畦上，每亩地设 15 袋。

3. 黄板诱杀。在成虫发生盛期设置黄板，大小 40 厘米 ×25 厘米较为合适，每亩挂 20～30 个，悬挂于生长点上方 20 厘米处，每 10 天或遇雨更换一次。

4. 在做好预测预报的前提下，开展药剂防治。药剂防治要抓好“早”和“准”，抓早就是要抓住斑潜蝇在田间发生的早期进行防治，即在成虫始盛期开始及时防治；抓准则是在幼虫 1～2 龄期喷药防治，当幼虫 3 龄后喷药效果差。另外由于蛹在上午 8～12 点羽化，因此喷药最好在上午进行。

可用 2.5% 高效氯氟氰菊酯乳油 6000 倍液，5% 甲维盐 1000～1500 倍液，1.8% 虫螨克 2500 倍液，3.5% 苦皮素乳油 1000 倍液，7 天一次，连喷 2～4 次。注意进行不同类型药剂的轮换使用。下午 5～7 时，采用喷雾法施药，重点喷上、中部叶片。

也可用烟剂熏杀成虫：每亩用 10% 敌敌畏烟剂 500 克，或氰戊菊酯烟剂熏杀，7 天左右一次，连用 2～3 次。

有抗药性问题，注意农药的交替使用。

第四节　棕榈蓟马

一、概述

棕榈蓟马（*Thri pspalmi* Karny），别名“瓜蓟马”、“棕黄蓟马”，

属缨翅目、蓟马科，刺吸式口器害虫。棕榈蓟马是茄子、西红柿、辣椒等茄科蔬菜的重要害虫，近年来在温室黄瓜上普遍发生，一般虫株率30%～50%，严重发生时虫株率可达100%。由于该虫虫体小，色淡，肉眼不易发现和识别，易将棕榈蓟马为害状误诊为病害，而造成防治上的失时或失误，造成巨大损失。除黄瓜外，还可危害苦瓜、冬瓜、白瓜、茄科、豆科、十字花科等蔬菜作物。

二、形态特征

成虫：雌成虫体长1.0～1.1毫米，雄虫0.8～0.9毫米，金黄色，头近方形，复眼稍突出，单眼3只、红色，排成三角形。触角7节，第1、2节橙黄色，第3节及第4节基部黄色，第4节的端部及后面几节灰黑色。翅2对，周围有细长的缘毛，腹部扁长。单眼间鬃位于单眼连线的外缘。前胸后缘有缘鬃6根，中央两根较长。后胸盾片网状纹中有一明显的钟形感觉器。前翅上脉鬃10根，其中端鬃3根，下脉鬃11根。第2腹节侧缘鬃各3根；第8腹节后缘栉毛完整。

卵：长椭圆形，长0.2毫米，淡黄色。

若虫：若虫4龄，体白色或淡黄色。1、2龄若虫淡黄色，无单眼及翅芽；3龄若虫淡黄白色，无单眼，翅芽达3、4腹节；4龄若虫淡黄白色，单眼3个，翅芽伸达腹部的3/5。

三、为害症状

棕榈蓟马成虫和若虫锉吸瓜类嫩梢、嫩叶、花或幼瓜的汁液，被害嫩叶、嫩梢变硬缩小，茸毛呈灰褐色或黑褐色，生长点龟缩，叶片卷曲，植株生长缓慢，节间缩短。黄瓜叶片失绿，产生黄色斑点，有的黄瓜出现细腰、大头、果皮生锈等不良症状。幼瓜受害后瓜条表面易产生锈状物，硬化，毛变黑，造成落瓜，瓜条上有被虫子刺吸过的痕迹，影响产量和商品性。有的花瓣也有干枯现象。怕光，多在节瓜嫩梢或幼瓜的毛丛中取食，少数在叶背为害。

图 9-4-1 蓟马为害叶片

图 9-4-2 叶片上的蓟马

图 9-4-3 蓟马为害叶片

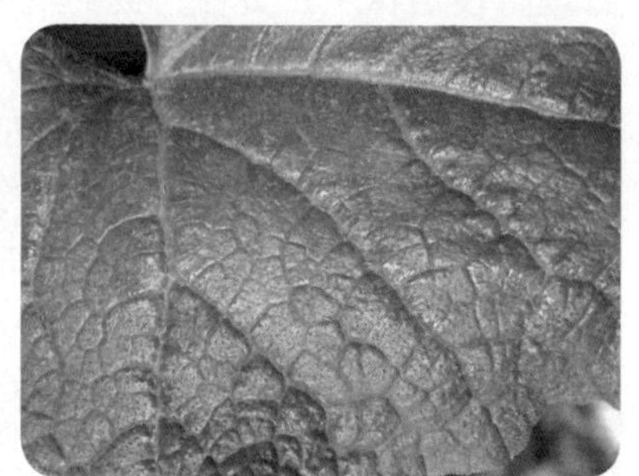

图 9-4-4 叶片上的蓟马

四、发生规律

棕榈蓟马成虫怕光，多在未张开的叶上或叶背活动。成虫能飞善跳，能借助气流作远距离迁飞。既能进行两性生殖，又能进行孤雌生殖。卵散产于植株的嫩头、嫩叶及幼果组织中，每雌产卵22～35粒。1、2龄若虫在寄主的幼嫩部位穿梭活动，活动十分活跃，锉吸汁液，躲在这些部位的背光面。到3龄末期停止取食，行动缓慢，落到地上，钻到3～5厘米的土层中，4龄在土中化蛹。在平均气温23.2～30.9℃时，3、4龄所需时间3～4.5天。羽化后成虫飞到植株幼嫩部位为害。生长发育适温为12～32℃，最适温度为24～30℃，较耐高温。雨季有利于孵化和侵染，但在干燥或过湿土壤中，其活动受到抑制。南方全年繁殖，每年发生17～20

余代，世代重叠。5～9月为虫口高峰。卵期2～9天，若虫期3～11天，蛹期3～12天，成虫寿命6～25天。

五、防治措施

棕榈蓟马繁殖快、易成灾，嫩梢或幼瓜处茸毛较多，药液难以进入，且成虫活跃、善飞，防治较难。

1. 适时栽植，避开为害高峰期；瓜苗出土后，覆盖地膜，能大大减少害虫数量；清除附近野生茄科植物也能减少虫源。加强水肥管理，使植株生长健壮，提高抗虫力；在成虫迁入高峰时用纱网阻隔棚室门窗，以减少侵入虫量。

2. 蓝板诱杀成虫：每10米左右挂1块蓝色板，略高于黄瓜生长点15～30厘米，以减少成虫产卵为害。

3. 化学防治：选择对刺吸式口器害虫有效果的药剂，可用25%阿克泰水分散粒剂3000倍液，20%双甲脒乳油2000倍液，40%乙酰甲胺磷乳油1000倍液，5%啶虫脒可湿性粉剂2500倍液，4.5%高氯乳油1000倍液，25%阿克泰水分散粒剂5000～6000倍液，均匀喷雾，5～7天用药一次，交替用药2～3次。

第五节　瓜绢螟

一、概述

瓜绢螟近年来在部分地区为害严重，北起辽宁、内蒙古，南至国境线，长江以南密度较大。条件适宜时易暴发成灾。瓜绢螟（*Diaphania indica* Saunders，异名 *Glyphodes indica* Saunders），又叫“瓜螟”、“瓜野螟”，属鳞翅目、螟蛾科。在我国分布广泛，近年来发生与为害逐年加重，在一些地区已成为夏秋黄瓜等作物的主要害虫。由于其世代重叠现象严重，并且高龄幼虫有缀叶为害习性，一旦错过防治适期，即使连续多次用药，也难以达到理想的控制效果。瓜绢螟除为害黄瓜外，还可为害丝瓜、苦瓜、甜瓜、节瓜、冬瓜、西瓜、番茄、茄子等作物。

二、形态特征

成虫：体长约11毫米，翅展25毫米左右，头胸部黑色，前后翅白色半透明状，略带紫光，前翅前缘、后缘及后翅外缘均黑色，其余部分为白色三角形。腹部大部分白色，尾节黑色，末端具黄褐色毛丛，雌虫毛簇左右分开，雄虫不分离。足白色。

卵：扁平，椭圆形，淡黄色，表面布有网纹；翅基伸达第六腹节，外披薄茧。

幼虫：共5龄，老熟幼虫体长23～26毫米，头部、前胸背板淡褐色，胸腹部草绿色，各体节上有瘤状突起，上生短毛，背部有两条较宽乳白色纵带，化蛹前消失，气门黑色。

蛹：长14毫米，深褐色，头部光整尖瘦，翅基伸及第5腹节，外被薄茧。

三、为害症状

瓜绢螟以幼虫啃食嫩叶，3龄后吐丝将叶或嫩梢缀合，匿居其中觅食为害，致使叶片穿孔或缺刻，严重时仅留叶脉。幼虫还能取食瓜蔓、蛀入幼瓜和花中为害，中高龄幼虫还会啃食果皮，表皮疮痂状。在叶背啃食叶肉，使叶片呈灰白斑，幼虫常蛀入瓜内和茎蔓为害，幼虫蛀果成孔，可造成果腐，严重影响产量和品质。

四、发生规律

以老熟幼虫或蛹在枯叶或表土中越冬，次年条件适宜时羽化。长江以南1年发生4～6代，广州和广西年发生5～6代。在北方地区年发生3～6代，一般每年5月田间出现幼虫为害，6～7月虫量增多。8～9月盛发，10月以后下降。在杭州每年5～6月田间出现幼虫为害，7月虫口上升，8～9月盛发，10月虫口下降，至11月上中旬发生中止。成虫寿命6～14天，夜间活动，趋光性强，雌蛾具趋嫩性，将卵产于叶背，散产或几粒在一起，每雌蛾可产300～400粒，卵期5～7天。幼虫期9～16天，共4龄。初孵化幼虫具有群集性，开始在叶背咬食，幼虫遇到扰动，有吐丝下坠转移他处的习性；幼虫3龄后卷叶取食，老熟幼虫在卷叶内、落叶中结白色薄茧化蛹或根际表土中化蛹，蛹期6～9天。瓜绢螟喜高温高湿，生长发育温度范围18～36℃，最适温度23～28℃，相对湿度85%～100%。春季由于棚室的保护作用，棚内温度较棚外高，有利于瓜绢螟羽化，使瓜绢螟的发生时间提前，冬季又将瓜绢螟的发生时间延长，加上棚内土壤湿度适宜，有利于瓜绢螟的幼虫化蛹和蛹的成活，世代重叠，易爆发成灾。

五、防治措施

对瓜绢螟的最佳防治时期为二、三龄幼虫高峰期。目前抗药性水平不很高，合理施药常规药剂基本能控制住。

1. 提倡采用防虫网，防治瓜绢螟兼治黄守瓜。悬挂黑光灯，捕杀成虫。提倡架设频振式或微电脑自控灭虫灯，对瓜绢螟有效，还可以减少蓟马、白粉虱的危害。

2. 结合防治白粉病、霜霉病，及时去除下部老叶、病叶，可以增加防效和杀死老叶内的虫蛹。收获后及时清理瓜蔓、田间的残株枯藤、落叶沤肥，铲除棚室周围的杂草，深埋或烧毁，消灭藏匿虫蛹，可压低虫口基数。幼虫发生期，人工摘除卷叶和幼虫群集取食的叶片，集中处理。实行轮作，做到瓜类蔬菜不连茬。在一定范围内，杜绝寄主作物，斩断食物链，可以适当降低发生量。在黄瓜整枝吊蔓时，可人工捕捉大龄幼虫，直接降低虫口基数。

3. 保护利用天敌：当卵寄生率达60%以上时，尽量避免施用化学杀虫剂，防止杀伤天敌。提倡用螟黄赤眼蜂防治瓜绢螟。此外在幼虫发生初期，及时摘除卷叶，置于天敌保护器中，使寄生蜂等天敌飞回大自然或瓜田中，但害虫留在保护器中，以集中消灭部分幼虫。

性诱和灯诱成虫。每亩挂2个瓜绢螟性诱剂瓶；或架设黑光灯、频振式杀虫灯等诱杀成虫。

4. 药剂防治：掌握在幼虫 1～3 龄时，可用 1.2% 烟碱·苦参碱乳油 800～1500 倍液，1 万 PIB/m 菜青虫颗粒体病毒 16000IU/mg 苏可湿性粉剂 600～800 倍液，0.5% 藜芦碱可溶性液剂 1000～2000 倍液，0.5% 甲氨基阿维菌素苯甲酸盐乳油 2000～3000 倍液＋4.5% 高效氯氰菊酯乳油 1000～2000 倍液，20% 氯虫苯甲酰胺悬浮剂 2000～3000 倍液，22% 氰氟虫腙悬浮剂 2000～3000 倍液，5% 丁烯氟虫氰乳油 1000～2000 倍液，15% 茚虫威悬浮剂 3000～4000 倍液，10% 醚菊酯悬浮剂 2000～3000 倍液，2.5% 溴氰菊酯乳油 1500 倍液，20% 氰戊菊酯乳油 2000 倍液，5% 高效氯氰菊酯乳油 1000 倍液，2% 阿维·苏云菌可湿性粉剂 2000～3000 倍液喷药，采瓜前 7 天停止用药。

第六节　瓜实蝇

一、概述

瓜实蝇又叫“黄瓜实蝇”、“瓜小实蝇”、“黄蜂子”等，俗称“针蜂”、“瓜蛆”，是瓜类作物的重要恶性害虫。近年来在部分地区为害不断加重，并呈现扩大蔓延趋势，其为害具有发生面积大、危害重、发现晚的特点。受害地块具有连续性，许多生产区甚至绝收。瓜实蝇（*Bactrocera*（Zeugodacus）*cucuribitae*（Coquillett）），幼虫叫瓜蛆，属双翅目，实蝇科。还可为害西瓜、甜瓜、丝瓜、南瓜、西番莲、辣椒、番石榴、洋桃、梨、芒果、番茄和豆类等 80 多种水果和蔬菜。

二、形态特征

成虫：体形似蜂，黄褐色，体长 8～9 毫米，翅展 16～18 毫米；额狭窄，两侧平行，宽度为头宽的 1/4；前额二纹，触角基部、复眼间的一纹和单眼均黑色。复眼褐色，头及胸背赤褐色，前胸左右及中、后胸有黄色的纵带纹；腹部第 1、2 节背板全为淡黄色或棕色，无黑斑带，第 3 节基部有黑色狭带，第 4 节起有黑色纵带纹；雌虫尾端尖而雄虫尾端圆钝。翅膜质透明，有暗黑色斑纹。腿节具有一个不完全的棕色环纹。

卵：细长，长约 0.8 毫米，一端稍尖，乳白色。

幼虫：老熟幼虫体长约 10 毫米，乳白色，蛆状，口钩黑色。

蛹：长约 5 毫米，黄褐色，圆筒形。

三、为害症状

瓜实蝇成虫以产卵器刺入幼瓜表皮内产卵，幼虫孵化后即在瓜内蛀食，受害的瓜先局部变黄，而后全瓜腐烂变臭，造成大量落瓜，即使不腐烂，刺伤处凝结着流胶，畸形下陷。果皮硬实，瓜味苦涩，严重影响瓜的品质和产量。

四、发生规律

以蛹在土壤中越冬，成虫也可在杂草、蕉树上越冬。主要以卵和幼虫随寄主运转传播。次年 4 月开始活动，以 5～6 月为害重。成虫一般在上午羽化，白天活动，对糖、酒、醋及芳香物质有趋性。成虫白天活动，飞翔敏捷，具有一定飞行扩散能力，尤以晴天上午 9～11 时和下午 5～7 时最为活跃，此时交尾产卵最盛。夏天中午高温烈日时，静伏于瓜棚或叶背，雌虫多产卵于嫩瓜的基部，产卵孔处常流出白色胶状物质，将其封住。每次产几粒至 10 余粒，每雌可产数十粒至百余粒，卵期 5～8 天，幼虫期 4～15 天，蛹期 7～10 天，成虫寿命 25 天。幼虫孵化后即在瓜内取食，将瓜蛀食成蜂窝状，以致腐烂、脱落。有时瓜内卵粒未孵化，但成虫刺伤处变得凹陷，使瓜畸形，俗称“缩骨”。老熟幼虫在瓜落前或瓜落后弹跳落地，钻入表土层化蛹，一般在土深 2～5 厘米处化蛹，在盛夏季节蛹期约为 3 天。瓜实蝇一年发生 3～4 代甚至到 8 代。瓜实蝇迁飞能力较强、产卵孵化能力强，不易捕杀，稍不注意就可能造成大面积损失。

五、防治措施

1. 清洁田园：田间及时摘除及收集落地烂瓜集中处理（喷药或深埋），特别是菜园周围的粪坑一定要定期撒生石灰和喷洒杀虫剂，及时杀灭寄生在粪坑里的幼虫，有助于减少虫源，减轻危害。

2. 套袋护瓜：对常发严重为害地区或名贵瓜果品种，可采用套袋护瓜办法（瓜果刚谢花、花瓣萎缩时进行）以防成虫产卵为害。

3. 诱杀成虫：利用成虫对糖、酒、醋及芳香物有强烈趋性，可用糖醋液诱杀，用糖 3 份、醋 4 份、酒 1 份和水 2 份，配成糖醋液，并在糖醋液内按 5% 加入 90% 敌百虫晶体。或用香蕉皮（或菠萝皮）、南瓜（或甘薯）等物与 90% 敌百虫晶体、香精油按 400：51 比例调成糊状毒饵，直接涂于瓜棚竹篱上或盛挂在容器内诱杀成虫（20 个点 / 亩，25 克 / 点）。在结幼瓜时，特别是规模种植时，宜安装频振式杀虫灯开展灯光诱杀。除利用成虫趋化性用毒饵诱杀外。

4. 性引诱剂诱杀成虫：利用诱蝇迷诱杀瓜实蝇成虫，每亩地挂 4～10 个诱杀瓶。可用可乐瓶制作，在瓶中悬挂一团 3 厘米长，直径 1 厘米的棉团作诱芯，在诱芯上滴 2 毫升性诱剂和数滴敌敌畏。1 个月滴 1 次性诱剂，每隔 5～10 天滴 1 次敌敌畏。所谓性引诱剂，是利用虫体的性激素或人工合成的性激素，在瓜棚内均匀布点诱集虫子，配合一定的农药毒杀之，其诱杀效果比单纯化学农药制成毒饵诱杀效果更好。

5. 一旦在田间发现成虫为害，要及时大面积喷药杀虫：可选用 4.5% 高效氯氰菊酯乳油 1500～2000 倍液，2.5% 溴氰菊酯 2000～3000 倍液，2.5 % 溴氰菊酯 2500 倍液，隔 3～5 天 1 次，连喷 2～3 次，喷药喷足。以上午 8～10 点钟、下午 5～7 点钟喷药为好。

第七节　黄守瓜

一、概述

黄守瓜又叫“瓜守”、“瓜茧”、“萤火虫”、“黄虫”、“瓜叶虫”、“瓜蛆”等。为害黄瓜的主要是黄足黄守瓜（*Aulacophora femoralis chinensis*（Weise））和黄足黑守瓜 (*A. lewisii* Baly）均属鞘翅目、叶甲科。黄守瓜食性广泛，几乎为害各种瓜类，受害最烈的是西瓜、南瓜、甜瓜、黄瓜等。还可为害向日葵、柑橘、桃、梨、苹果、朴树和桑树等 19 科 69 种植物。

二、形态特征

黄足黄守瓜：体长 7～8 毫米。成虫体椭圆形，黄色，仅中后胸及腹部腹面为黑色，前胸背板中央有一波浪形横凹沟。卵长椭圆形，长约 1 毫米，黄色，表面有多角形细纹。幼虫体长圆筒形，长约 12 毫米，头部黄褐色，胸腹部黄白色，臀板腹面有肉质突起，上生微毛。蛹为裸蛹，长约 9 毫米，在土室中呈白色或淡灰色。

黄足黑守瓜：成虫体椭圆形，鞘翅、复眼为黑色，其余部分均为橙黄色或橙红色。卵黄色，球形，长约 0.7 毫米，淡黄色，表面密布六角形细纹。幼虫黄褐色。各节有明显的瘤突，上生刚毛。腹部末端有指状突起。

三、为害症状

黄守瓜成虫、幼虫都能为害。成虫喜食瓜叶、嫩茎和花器，并可为害黄瓜幼苗皮层，咬断嫩茎和食害幼果。叶片被食后形成干枯环或半环形食痕或圆形孔洞，影响光合作用，瓜苗被害后，常带来毁灭性灾害；幼虫在地下专食瓜类根部，重者使植株萎蔫而死，并蛀入近地面的瓜内为害，引起黄瓜腐烂，丧失食用价值。

四、发生规律

各地均以成虫越冬，常十几头或数十头群居在避风向阳的田埂土缝、杂草、落叶或树皮缝隙内越冬。翌年春季温度达6℃时开始活动，10℃时全部出蛰，瓜苗出土前，先在其他寄主上取食，待瓜苗生出3～4片真叶后就转移到瓜苗上为害。成虫喜在温暖的晴天活动，一般以上午10时至下午3时活动最频繁，阴雨天很少活动或不活动，成虫受惊后即飞离逃逸或假死，耐饥力很强，取食后可绝食10天而不死亡，有趋黄习性。成虫活动最适温度为24℃左右，能耐热，在41℃下处理1小时，死亡率不到18%，但不耐寒，在-8℃以下，12小时后即全部死亡。雌虫交尾后1～2天开始产卵，每雌产卵150～2000粒，常堆产或散产在靠近寄主根部或瓜下的土壤缝隙中。卵的抗逆性强，浸水144小时后还有75%孵化，在高温45℃下受热1小时，孵化率可达44%。幼虫孵化需要高湿，在温度25℃、相对湿度75%时不能孵化，90%时孵化率仅15%，100%时能全部孵化。幼虫和蛹不耐水浸，若浸水24小时就会死亡。每年可发生1～4代。产卵时对土壤有一定的选择性，最喜产在湿润的土壤中，黏土次之，干燥沙土中不产卵。产卵多少与温湿度有关，20℃以上开始产卵，24℃为产卵盛期，此时，湿度愈高，产卵愈多，因此，雨后常出现产卵量激增。凡早春气温上升早，成虫产卵期雨水多，发生为害期提前，当年为害可能就重。黏土或壤土由于保水性能好，适于成虫产卵和幼虫生长发育，受害也较沙土为重。连片早播早出土的瓜苗较迟播晚出土的受害重。

五、防治措施

1. 改造产卵环境：植株长至4～5片叶以前，可在植株周围撒施石灰粉、草木灰等不利于产卵的物质或撒入锯末、稻糠、谷糠等物，引诱成虫在远离幼根处产卵，以减轻幼根受害。

2. 消灭越冬虫源：对低地周围的秋冬寄主和场所，在冬季要认真进行铲除杂草、清理落叶、铲平土缝等工作，尤其是背风向阳的地方更应彻底，使瓜地免受暖后迁来的害虫为害。

3. 捕捉成虫：清晨成虫活动力差，借此机会进行人工捉拿。同时，可利用其假死性用药水盆捕捉，也可取得良好的效果。

4. 药剂防治：在瓜类幼苗移栽前后，掌握成虫盛发期，喷 20% 氰戊菊酯乳油 2000 倍液，2.5% 溴氰菊酯乳油 2000～3000 倍液，90% 敌百虫晶体 1000 倍液 2～3 次。幼虫为害时，用 90% 敌百虫 1500 倍或烟草水 30 倍液点灌瓜根。幼虫的抗药性较差，幼虫盛期，可选用 20% 氰戊菊酯乳油 1000～2000 倍液，20% 菊・马乳油 3000～4000 倍液，50% 辛硫磷乳油 1000 倍液灌根，视虫情隔 7～15 天灌 1 次。在瓜秧根部附近覆一层麦壳、草木灰、锯末、谷糠等，可防止成虫产卵，减轻为害。成虫发生初期，可采用以下杀虫剂进行防治：24% 甲氧虫酰肼悬浮剂 2000～3000 倍液，20% 虫酯肼悬浮剂 1500～3000 倍液，50% 丙溴磷乳油 1000～2000 倍液，30% 毒・阿维乳油 1000～2000 倍液，均匀喷雾。

第八节　野蛞蝓

一、概述

野蛞蝓俗称“鼻涕虫”，又叫“水蜒蚰”，近年来在北方保护地内常有发生，平均为害棚率 15%，严重的达 40%～60%。野蛞蝓（*Agriolimax agrestis*），属野蛞蝓属、蛞蝓科。还可为害甘蓝、花椰菜、白菜、菠菜、莴苣、番茄、草莓、豆类等多种蔬菜和其他农作物。

二、形态特征

成虫：体伸直时长 30～60 毫米，宽 4～6 毫米；体柔软、光滑无外壳，长梭形，体表暗黑色、暗灰色、黄白色或灰红色。内壳长 4 毫米，宽 2.3 毫米。触角 2 对，暗黑色，下边一对短约 1 毫米，称前触角，有感觉作用；上边一对长约 4 毫米，称后触角，端部具眼。口腔内排列有齿状物，暗黑色。在右触角后方约 2 毫米处为生殖孔。体背前端具外套膜，为体长的 1/3，边缘卷起，其内有退化的贝壳（即盾板），上有明显的同心圆线，即生长线。同心圆线中心在外套膜后端偏右。呼吸孔在体右侧前方，其上有细小的色线环绕。腹足扁平，腺体能分泌黏液，爬过的地方留有白色光亮痕迹。

卵：椭圆形，韧而富有弹性，直径 2～2.5 毫米。白色透明可见卵核，近孵化时色变深。

幼虫：初孵幼虫体长 2～2.5 毫米，淡褐色；体形同成体。

三、为害症状

最喜食萌发的幼芽及幼苗，造成缺苗断垄。取食叶片成孔洞，或取食果实，影响商品价值。

四、发生规律

以成虫体或幼体在作物根部湿土下越冬。5～7 月在田间大量活动为害，入夏气温升高，活动减弱，秋季气候凉爽后，又活动为害。在南方每年 4～6 月和 9～11 月有两个活动高峰期，在北方 7～9 月为害较重。喜欢在潮湿、低洼橘园中为害。梅雨季节是为害盛期。完成一个世代约 250 天，5～7 月产卵，卵期 16～17 天，从孵化至性成熟约 55 天。成体产卵期可长达 160 天。野蛞蝓雌雄同体，异体受精，亦可同体受精繁殖。卵产于湿度大有隐蔽的土缝中，每隔 1～2 天产一次，约 1～32 粒，每处产卵 10 粒左右，平均产卵量为 400 余粒。野蛞蝓怕光，强光下 2～3 小时即死亡，因此均夜间活动，从傍晚开始出动，晚上 10～11 时达高峰，清晨之前又陆续潜入土中或隐蔽处。耐饥力强，在食物缺乏或不良条件下能不吃不动。阴暗潮湿的环境易于大发生，当气温 11.5～18.5℃，土壤含水量为 20%～30% 时，对其生长发育最为有利。

五、防治措施

1. 加强栽培管理：定植前彻底清除田间及周边杂草，耕翻晒地，恶化它的栖息场所，定植后及时铲除杂草，降低田间湿度，可明显减轻其为害。采用高畦栽培、地膜覆盖、破膜提苗等方法，以减少为害。清除田园、秋季耕翻破坏其栖息环境，用杂草、树叶等在棚室或菜地诱捕虫体。施用充分腐熟的有机肥，创造不适于野蛞蝓发生和生存的条件。

2. 育苗土用 1% 硫酸铜进行消毒。在为害期每亩用生石灰 5～7 千克，撒施于沟边、地头或作物行间驱避虫体。也可施碳酸铵肥料 50 千克每亩，对防治野蛞蝓，减少虫口基数，均有明显效果。

3. 人工诱集捕杀：傍晚用 1∶5 的白砂糖与油菜叶混合撒在苗床周围，或用树叶、杂草、菜叶等在田间做诱集堆。

4. 药剂防治：用 48% 地蛆灵乳油配成含有效成分 4% 左右的豆饼粉或玉米粉毒饵，在傍晚撒于田间垄上诱杀，也可在种子发芽时或苗期撒毒土，傍晚用 6% 密达杀螺颗粒剂 0.5～0.6 千克每亩，拌细砂 5～10 千克，均匀撒施。或用 8% 灭蛭灵颗粒剂每亩 2 千克撒于田间，或清晨喷洒 48% 地蛆灵乳油 1500 倍液。

第九节　黄曲条跳甲

一、概述

黄曲条跳甲简称跳甲，别名“黄条跳蚤”、“地蹦虫”、“跳蚤虫”、“狗虱虫”，除新疆、西藏、青海外各地均有分布，而且虫口密度都很高。黄曲条跳甲（*Phyllotreta striolata*（Fabricius）），属鞘翅目、叶甲科昆虫。可为害 8 科 19 种植物，以甘蓝、花椰菜、白菜、菜薹、萝卜、芜菁、油菜等十字花科蔬菜为主，也为害茄果类、瓜类、豆类蔬菜。

二、形态特征

成虫：体长1.8～2.4毫米，为黑色小甲虫，长椭圆形，黑色有光泽，前胸背板及鞘翅上有许多刻点，排成纵行。鞘翅中央有一弓形黄色纵条，两端大，中部狭而弯曲，后足腿节膨大、善跳。卵长约0.3毫米，椭圆形，初产时淡黄色，后变乳白色。

幼虫：共3龄，老熟幼虫体长4毫米，长圆筒形，尾部稍细，头部、前胸背板淡褐色，胸腹部黄白色，各节生有不显著的肉瘤，上有细毛，胸足3对。

蛹：长约2毫米，椭圆形，乳白色，头部隐于前胸下面，翅芽和足达第5腹节，腹末有一对叉状突起。

三、为害症状

以成虫和幼虫两个虫态对植株直接造成危害。常数十头成群在一片叶上为害，尤以叶背为多，被害叶片布满稠密的椭圆形小孔。成虫取食为害叶片，把叶子咬成许多小孔洞或缺刻，严重时只留叶脉。成虫喜欢取食叶片的幼嫩部位，生长点常被咬坏，甚至吃光，所以苗期受害最重，常造成毁苗现象。幼虫生活在土中，只为害菜根，蛀食根皮，或咬断须根，使植株发黄、萎蔫、枯死。

四、发生规律

黄曲条跳甲一年发生多代，发生世代由北到南不断增加，北方一年发生3～5代，南方7～8代。华南地区无越冬现象，可终年繁殖。在南岭以北以成虫在田间菜叶、沟边的落叶、杂草及土缝中越冬。越冬期间如气温回升至10℃以上，仍能出土在叶背取食为害。越冬成虫于3月中下旬开始出蛰活动，在越冬蔬菜与春菜上取食活动，随着气温升高活动加强。4月上旬开始产卵，以后每月发生1代，因成虫寿命长，致使世代重叠。10～11月间，第6～7代成虫先后蛰伏越冬。春季1、2代（5、6月）和秋季5、6代（9、10月）为主害代，为害严重，但春节为害重于秋季，盛夏高温季节发生为害较少。成虫善于跳跃，高温时能飞翔，早晚或阴天躲藏于叶背或土块下，中午前后活动最盛。成虫寿命极长，平均50天，最长可达1年。产卵期较长，30～50天，因此世代重叠，发生不整齐。成虫有趋光性，对黑光灯特别敏感，还有较强的趋黄光性和趋嫩性。产卵以晴天午后为多，卵散产于植株周围湿润的土隙中或细根上，也可在植株基部咬一小孔产卵于内，每雌产卵200粒左右，最多可达600粒以上。幼虫孵化后爬到根部，沿须根食向主根，剥食根的表皮。老熟幼虫多在3～7厘米深的土壤中挖土室化蛹，蛹期约20天。

湿度对黄曲条跳甲的发生数量关系最大，特别是产卵期和孵化期。成虫产卵喜潮湿土壤，土壤含水量低极少产卵。卵孵化要求较高的湿度，相对湿度低于90%时，卵孵化极少。春秋季雨水偏多，有利于发生。黄曲条跳甲的适温范围21～30℃，低于20℃或高于30℃，成虫活动明显减少，特别是夏季高温季节，食量剧减，繁殖率下降，并有蛰伏现象，因而发生较轻。黄曲条跳甲属寡足食性害虫，偏嗜十字花科蔬菜。一般十字花科蔬菜连作地区，终年食料不断，有利于大量繁殖，受害就重；若与其他蔬菜轮作，则发生危害就轻。

五、防治措施

1. 及时清除菜地残株败叶，铲除杂草。播种前7～10天深耕晒土或用大水浸田，消灭部分蛹。周边不种植十字花科蔬菜。适当水旱轮作，如水稻。

2. 成虫诱集。黄板诱杀：用涂有黏性胶的黄板或黄盘置于田间诱杀成虫。作物诱杀：间隔种植成虫喜欢的植物（如芥菜）诱集成虫后用化学杀虫剂集中喷杀。

3. 拌种和土壤处理。种菜前可用50%辛硫磷1200倍液、18%杀虫双400倍液、90%敌百虫晶体800倍液淋浇土壤1～2次。

4. 药剂防治。播种前或苗期发现幼虫为害时用50%辛硫磷1200倍液灌根处理。在苗期成虫开始迁入时选用18%杀虫双水剂 300～400 倍液，25% 水剂对水 600～800 倍液，5% 抑太保乳油 4000 倍液，5% 卡死克乳油 1000～1500 倍液，5% 农梦特乳油 4000 倍液，20% 菊杀乳油 1000～1500 倍液，4.5% 高效氯氰菊酯乳油 1500 倍液，20% 辛・灭 1600 倍液，50% 敌・马乳油 1500 倍液，20% 螟束手 1200～1500 倍液，33% 吡・毒可湿粉 2000 倍液，40% 菊马乳油 2000～3000 倍液，20% 氰戊菊酯乳油 2000～4000 倍液，茴蒿素杀虫剂 500 倍液喷施，注意防治成虫宜在早晨和傍晚喷药。

第十节　螨类

一、概述

为害黄瓜的螨类主要有朱砂叶螨（*Tetranychus cinnabarinus* Boisduval）。

朱砂叶螨是一种广泛分布于世界温带的农林害虫，又称“红叶螨”、“红蜘蛛”等，属蛛形纲，蜱螨目，叶螨科。雌成螨主要行孤雌生殖，偶有两性生殖。卵散产于叶肉组织内，一生可产卵 113～206 粒，最多可达 300 多粒。发育一代的时间，在 20℃以下为 17 天以上，在 23～25℃为 10～13 天，在 28℃以上为 7～8 天。在我国各地均有发生。寄主植物达 32 科 113 种以上，是保护地栽培蔬菜和温室蔬菜的主要害虫。除黄瓜外，还可为害茄子、豆类、瓜类、番茄、辣椒、马铃薯、葱等。

二、形态特征

雌成螨：体长 0.42～0.55 毫米，宽 0.26～0.35 毫米，椭圆形，体色一般为深红色或锈红色，体躯的两侧有两块黑褐色长斑，有时分为前后 2 块，前块略大。

雄成螨：体长 0.35～0.42 毫米，宽 0.18～0.23 毫米，比雌螨小，体色为红色或橙红色，背面呈菱形，头胸部前端圆形，腹部末端稍尖。

卵：直径 0.13 毫米，圆球形，初产时无色透明，后变为淡黄至深黄色。孵化前呈微红色。

幼螨：体长约 0.15 毫米，宽 0.12 毫米，体近圆形，色泽透明，取食后变暗绿色，足 3 对。

若螨：长约 0.21 毫米，宽 0.15 毫米，足 4 对。雌若螨分前若螨期和后若螨期，雄若螨无后若螨期，比雌若螨少蜕 1 次皮。

三、为害症状

朱砂叶螨虫体集聚成橘红至鲜红色的虫堆为害叶片，以成螨及幼、若螨锉吸瓜类嫩梢、嫩叶、花和幼瓜的汁液。往往先为害植株的下部叶片，然后向上蔓延，被害叶片上出现许多细小白点导致失绿枯死叶背有蜘蛛吐丝结网，使叶面的水分蒸腾增强，叶绿体受损，光合作用受到抑制，叶片变红、卷缩、干枯、脱落，甚至整株枯死，结瓜期缩短。被害嫩叶、嫩梢变硬缩小，茸毛呈灰褐色或黑褐色，植株生长缓慢，节间缩短。幼瓜受害后亦硬化，毛变黑，造成落瓜。

图 9-10-1 朱砂叶螨为害状

四、发生规律

朱砂叶螨以成螨、部分若螨群集潜伏于向阳处的枯叶内、杂草根际及土块、树皮裂缝内越冬。此外，温室、冬暖式大棚内的蔬菜、苗圃地也是重要的越冬场所。当平均气温达到5～7℃时，越冬雌成螨开始活动，并产卵繁殖。早春温度上升到10℃时，朱砂叶螨开始大量繁殖。一般先在杂草或蚕豆、豌豆和草莓等作物上取食，然后转移到黄瓜上为害。开始时呈点片发生，以后以受害株为中心，逐渐扩散。在一年中发生多代，世代重叠。6～8月是猖獗为害时期，8月上、中旬后，种群密度急剧下降，并维持一个较低的密度。一般年份在10月中下旬后开始越冬。当繁殖数量过多、食料不足或温度过高时，即行迁移扩散。该虫靠爬行、随风雨或上升的暖气流进行远距离扩散。

朱砂叶螨发育的最适温度为29～31℃，相对湿度为40%～75%。当温度超过34℃，成螨停止繁殖，卵与幼螨大量死亡。若虫怕光，到3龄末期停止取食，落入表土化蛹。虽然螨类生活喜欢干旱的气候，但当空气湿度低于40%时，卵不能正常孵化，幼、若螨大量死亡，也不利于其发生。雨水对朱砂叶螨的卵和成、若螨的发育都不利。

五、防治措施

1. 加强田间管理：清除田间、田内的残株败叶及杂草，秋末将田间残株落叶烧毁或沤肥，开春后种植前清除田内、田边残余的枝叶及杂草并深埋，以减少虫源。增施磷肥，合理施肥，增强植株抗虫能力，在夏秋高温、干旱季节可灌水来调节温湿度，控制朱砂叶螨的发生。

2. 化学防治：在点片发生时进行挑治，当花叶率达1%～2%或每片叶有3头虫时喷药为宜，以免暴发为害。可使用杀卵效果好、残效期长的药剂，如使用24%螨危4000～6000倍液，20%螨死净3000倍液。当田间种群密度较大，并已经造成一定危害时，可使用速效杀螨剂。15% 哒螨酮 3000 倍液，5% 霸螨灵悬浮剂 3000 倍液，10% 除尽 3000 倍液，20% 双甲脒乳油 2000 倍液，20% 复方浏阳霉素乳油 1000～1200 倍液，73% 克螨特乳油 2000 倍液，20% 灭扫利 1500 倍液，10% 联苯菊酯乳油 1500 倍液，2% 氟丙菊酯乳油 2000 倍液，45% 石硫合剂结晶 200～600 倍液，可在上述药液中混加 300 倍液的洗衣粉或 300 倍液的碳酸氢铵，喷药时应采取淋洗式的方法，务求喷透喷全。

第十一节　茶黄螨

一、概述

茶黄螨（*Polyphagotarsonenus latus* Bank），又名侧多食跗线螨、茶半跗线螨、嫩叶螨、茶嫩叶螨、茶壁虱等，俗称阔体螨、白蜘蛛。该螨为世界性害螨，分布遍及 40 多个国家和地区，以热带分布最广。在我国各地均有发生。茶黄螨寄主范围广泛，已知有 37 个科 80 余种植物。一般减产 10%～30%，严重的可达 50% 以上。

二、形态特征

雌成螨：体长 0.21 毫米，体躯阔卵形，体分节不明显，淡黄至黄绿色，足 4 对，沿背中线有 1 白色条纹，腹部末端平截。发育成熟的雌成螨呈深琥珀色，半透明，有光泽。

雄成螨：体长 0.19 毫米，近似六角形，腹末有锥台形尾吸盘，足较长且粗壮。发育成熟的雄成螨为深琥珀色，未成熟的雄成螨为淡黄色，半透明。

若螨：长椭圆形，稍呈梭形，是一个静止的生长发育阶段，在幼螨的表皮内完成其发育，两对前足向前伸，两对后足向后伸。

幼螨：椭圆形，淡绿色，有 3 对足。头胸部与成螨相似，但没有假气门器。腹部明显分为 2 节，近若螨阶段分节逐渐消失。腹部末端呈圆锥形，具1对刚毛。

卵：椭圆形，长0.1毫米。卵体灰白色、半透明，卵面纵向排列着6行白色瘤状突起。贴近地表的卵面为扁平形。

三、为害症状

茶黄螨有很强的趋嫩性，始终随着植株的生长而转移。成螨和幼螨聚集在黄瓜幼嫩部位，特别是生长点周围，以刺吸式口器吸吮植株汁液。轻度受害时叶片张开较慢，增厚，浓绿皱缩；严重受害时瓜蔓顶部叶片变小变硬，叶缘向下翻卷，叶片背面黄褐色至灰褐色，有油质状光泽，叶正面具黄色小斑点，甚至生长点呈暗褐色，枯死，不发新叶，植株停止生长，剩下的叶片浓绿。幼茎受害变为黄褐色至灰褐色，植株扭曲变形。由于螨体极小，肉眼难以观察识别，常被误认为生理病害或病毒病害。

四、发生规律

茶黄螨在温室条件下，全年都可发生，北方地区茶黄螨主要来自保护地中。在长江流域及以南地区，茶黄螨以雌成螨的个体或群体在避风的寄主植物的卷叶中、芽心、芽鳞内和叶柄的缝隙中越冬，在龙葵、三叶草等杂草中也可以越冬。茶黄螨靠爬行、风力和人、工具及菜苗传带，扩散蔓延。

茶黄螨主要营两性生殖，也可营孤雌生殖，两性生殖的后代有雌螨和雄螨；孤雌生殖的后代全部为雄性。茶黄螨成螨活泼，雄成螨有携带雌若螨向植株幼嫩部位迁移的习性。这些雌若螨在雄螨身体上蜕一次皮变为成螨后，即与雄螨交配。雌螨定居在幼嫩叶片上取食和产卵。取食1～3天后开始产卵。产卵期一般为3～5天，产下的卵经3～5天孵化为幼螨。幼螨期2～3天，若螨期2～3天。发育繁殖的最适温度为16～23℃，相对湿度为80%～90%。卵和幼螨对湿度要求较高，只有在相对湿度80%以上才能发育，因此温暖多湿的环境有利于茶黄螨的发生。

茶黄螨生活周期短，在28～32℃时，4～5天就可以繁殖1代，在18～20℃时7～10天繁殖1代，一年可发生25～30代。

五、防治措施

1. 消灭越冬虫源：清洁田园，铲除田边杂草，清除残株败叶。

2. 培育无虫壮苗。

3. 定植前进行棚室消毒：每立方米温室大棚用27克溴甲烷或80%敌敌畏乳剂3毫升与木屑拌匀，密封熏杀16小时左右可起到很好的杀螨效果。

4. 生物防治：黄瓜钝绥螨（Amblyseius cucumeris）对茶黄螨具有很强的捕食能力，田间释放黄瓜钝绥螨可有效控制茶黄螨的为害。

5. 药剂防治

在发生初期选用药剂进行喷雾，喷药重点主要是植株上部嫩叶、嫩茎、花器和嫩果，一般每隔7～10天喷1次，连喷2～3次，注意轮换用药。

可选用5%卡死克乳油1000～1500倍液，20%螨克1000～1500倍液，20%三氯杀螨醇、25%喹硫磷乳油、20%哒嗪硫磷乳油1500倍液，50%三环锡可湿性粉剂、73%的炔螨特乳油1000倍液，40%的环丙杀螨醇可湿性粉剂1500～2000倍液，20%的复方浏阳霉素乳油1000倍液，15%哒螨酮乳油3000倍液，10%联苯菊酯乳油2000倍液。

第十章　地下害虫

为害黄瓜的地下害虫主要有地老虎、蛴螬、蝼蛄、金针虫、种蝇等，危害不大。

药剂拌种：甲基异柳磷、辛硫磷等。

药剂喷施：溴氰菊酯、氰戊菊酯、敌百虫、辛硫磷等。

土壤处理：辛硫磷、甲基异柳磷、敌百虫等。（毒土法）

毒饵法：炒香的豆饼混甲基异柳磷、敌百虫等制成毒饵。

第一节　地老虎

一、概述

地老虎是鳞翅目 (Lepidoptera) 夜蛾科 (Noctuidae) 昆虫，又叫“地蚕”、“土蚕”、“切根虫”、“大口虫”、“截虫子”、“地根虫”等。地老虎主要分布在欧、亚、非各地；在中国主要是长江下游沿岸、黄淮地区和西南地区。种类很多，世界上约有 2 万种，我国约 1600 种，主要有小地老虎（*Agrotis ipsilon*）（世界性的）、黄地老虎（*A.Segetum*）（欧洲、非洲、亚洲）、大地老虎 (*A.tokionis*) 等。均以幼虫为害，其中分布最广、为害严重的是小地老虎。地老虎是多食性害虫，能为害茄科、豆科、十字花科、百合科、葫芦科、玉米、高粱、棉花、蔬菜等多种作物的幼苗。因其食量大、食性暴，所以被称作地老虎。地老虎在全国各地均以第 1 代发生为害严重，春播作物受害最烈。

二、形态特征

小地老虎成虫体长16～23毫米，翅展42～54毫米；头、胸部暗褐色，腹部灰褐色。雌蛾触角丝状，雄蛾双栉齿状。前翅黑褐色，有肾状纹、环状纹和棒状纹各一，肾状纹外有尖端向外的黑色楔状纹与亚缘线内侧2个尖端向内的黑色楔状纹相对，是识别此虫的重要特征。后翅灰白色，翅脉及边缘黑褐色，缘毛白色。卵半球形，直径0.6毫米，表面有纵横的隆起线。初产时乳白色，孵化前呈棕褐色。老熟幼虫体长37～50毫米，黄褐至黑褐色；体表密布黑色颗粒状小突起，背面有淡色纵带；腹部末节背板上有2条深褐色纵带。蛹体长18～24毫米，红褐至黑褐色；腹末端具1对臀棘，呈分叉状。世界性分布。在中国遍及各地，但以南方旱作区及丘陵旱地发生较重；北方则以沿海、沿湖、沿河、低洼内涝地及水浇地发生较重。南岭以南可终年繁殖；由南向北年发生代数递减，如广西南宁7代，江西南昌5代，北京4代，黑龙江2代。

黄地老虎成虫体长14～19毫米，翅展32～43毫米；雌蛾触角丝状，雄蛾双栉齿状。前翅黄褐色，肾状纹的外方无黑色楔状纹，后翅灰白色，前缘黄褐色。卵半球形，直径约0.5毫米，卵壳表面有纵隆起线，初产时乳白色，以后渐现淡红斑纹，孵化前变为黑色。老熟幼虫体长32～45毫米，淡黄褐色，体表多皱纹，颗粒不明显；腹部背面的4个毛片，大小相近，臀板具2块黄褐大斑。蛹体长16～19毫米，红褐色。中国主要分布在新疆及甘肃乌鞘岭以西地区及黄河、淮河、海河地区；也见于苏联、非洲、印度和日本等地。华北和江苏一带年发生3～4代，新疆2～3代，内蒙古2代。

大地老虎成虫体长20～23毫米，翅展52～62毫米；前翅黑褐色，肾状纹外有一不规则的黑斑。卵半球形，直径1.8毫米，初产时浅黄色，孵化前呈灰褐色。老熟幼虫体长41～61毫米，黄褐色；体表多皱纹。蛹体长23～29毫米，腹部第4～7节前缘气门之前密布刻点。分布也较普遍，并常与小地老虎混合发生；以长江流域地区为害较重。中国各地均一年发生 1 代。

三、为害症状

多食性害虫，主要以幼虫为害幼苗。3 龄前的幼虫多在土表或植株上活动，昼夜取食叶片、心叶、嫩头、幼芽等部位，食量较小。3 龄后分散入土，白天潜伏土中，夜间活动为害，幼虫将幼苗近地面的茎部咬断，使整株死亡，造成缺苗断垄。

四、发生规律

小地老虎成虫的趋光性和趋化性因虫种而不同。小地老虎、黄地老虎对黑光灯均有趋性；对糖酒醋液的趋性以小地老虎最强；黄地老虎则喜在大葱花蕊上取食作为补充营养。卵多产在土表、植物幼嫩茎叶上和枯草根际处，散产或堆产。3 龄前的幼虫多在土表或植株上活动，昼夜取食叶片、心叶、嫩头、幼芽等部位，食量较小。3 龄后分散入土，白天潜伏土中，夜间活动为害，有自残现象。地老虎的越冬习性较复杂。黄地老虎以老熟幼虫在土下筑土室越冬；大地老虎以 3～6 龄幼虫在表土或草丛中越夏和越冬；小地老虎越冬受温度因子限制：1 月份 0℃ (北纬 33° 附近) 等温线以北不能越冬；以南地区可有少量幼虫和蛹在当地越冬；而在四川则成虫、幼虫和蛹都可越冬。关于小地老虎的迁飞性，已引起普遍重视。1 月份 10℃等温线以南的华南为害区及其以南是国内主要虫源基地，江淮蛰伏区也有部分虫源，成虫从虫源地区交错向北迁飞为害。影响地老虎发生的主要生态因素有：①温度。高温和低温均不适于地老虎生存、繁殖。在温度 30℃ ±1℃或 5℃以下条件下，可使小地老虎 1～3 龄幼虫大量死亡。平均温度高于 30℃时成虫寿命缩短，一般不能产卵。冬季温度偏高，5 月份气温稳定，有利于幼虫越冬、化蛹、羽化，从而第 1 代卵的发育和幼虫成活率高，为害就重。黄地老虎幼虫越冬前和早春越冬幼虫恢复活动后，如遇降温、降雪，或冬季气温偏低，易大量死亡。越冬代成虫盛发期遇较强低温或降雪不仅影响成虫的发生，还会因蜜源植物的花受冻，恶化了成虫补充营养来源而影响产卵量。②湿度和降水。大地老虎对高温和低温的抵抗能力强，但常因土壤湿度不适而大量死亡。小地老虎在北方的严重为害区多为沿河、沿湖的滩地或低洼内涝地以及常年灌区。成虫盛发期遇有适量降雨或灌水时常导致大发生。土壤含水量在15%～20%的地区有利于幼虫生长发育和成虫产卵。黄地老虎多在地势较高的平原地带发生，如灌水期与成虫盛发期相遇为害就重。在黄淮海地区，前一年秋雨多、田间杂草也多时，常使越冬基数增大，翌年发生为害严重。③其他因素。如前茬作物、田间杂草或蜜源植物多时，有利于成虫获取补充营养和幼虫的转移，从而加重发生为害。自然天敌中如姬蜂、寄生蝇、绒茧蜂等也对地老虎的发生有一定抑制作用。

五、防治措施

1. 加强田间管理：实行秋耕冬灌，多次耕翻，精细整地，可杀死卵、幼虫和蛹，并破坏其越冬环境，灌水可淹死部分幼虫。铲除地边、田埂和路边杂草，消灭地老虎成虫产卵场所，根绝其幼虫早期食料来源。

2. 利用小地老虎喜欢产卵在芝麻幼苗上的习性，种植芝麻诱集产卵植物带，引诱成虫产卵，在卵孵化初期铲除并携出田外集中销毁，如需保留诱集用芝麻，在3龄前喷洒90%晶体敌百虫1000倍液防治。用糖醋液或黑光灯诱杀越冬代成虫，在春季成虫发生期设置诱蛾器（盆）诱杀成虫。采用新鲜泡桐叶，用水浸泡后，每亩50～70片叶，于1代幼虫发生期的傍晚放入菜田内，次日清晨人工捕捉。也可采用鲜草或菜叶每亩20～30千克，在菜田内撒成小堆诱集捕捉。

3. 人工捕捉：清晨到平贝母田间检查，发现有新的被害植株，扒开其根部周围土壤寻找捕杀；或在作业道中堆放鲜草堆，每天清晨翻开搜杀。

4. 药剂防治：①喷粉。用2.5%敌百虫粉剂每亩2.0～2.5千克喷粉。②撒施毒土。用 2.5% 敌百虫粉剂每亩 1.5～2 千克加 10 千克细土制成毒土，顺垄撒在幼苗根际附近，或用 50% 辛硫磷乳油 0.5 千克加适量水喷拌细土 125～175 千克制成毒土，每亩撒施毒土 20～25 千克。③喷雾。可用 90% 敌百虫晶体 800～1000 倍液，50% 辛硫磷乳油 800 倍液，50% 杀螟硫磷 1000～2000 倍液，20% 菊杀乳油 1000～1500 倍液，2.5% 溴氰菊酯乳油 3000 倍液喷雾。④毒饵。多在 3 龄后开始取食时应用，每亩 2.5% 敌百虫粉剂 0.5 千克或 90% 敌百虫晶体 1000 倍液均匀拌在切碎的鲜草上，或用 90% 敌百虫晶体加水 2.5～5 千克，均匀拌在 50 千克炒香的麦麸或碾碎的棉籽饼 (油渣) 上，用 50% 辛硫磷乳油 50 克拌在 5 千克棉籽饼上，把制成的毒饵于傍晚在菜田内每隔一定距离撒成小堆。⑤灌根。在虫龄较大、为害严重的菜田，可用 50% 辛硫磷乳油或 50% 二嗪农乳油 1000～1500 倍液灌根。

第二节　蛴螬

一、概述

蛴螬，俗名“白地蚕”、“地漏子”、“白土蚕”，又叫“鸡婆虫”、“土蚕”、“老母虫”、“白时虫”等，是鞘翅目、金龟甲总科幼虫的通称，我国已经有记载的种类有 100 余种，常见的有 40 多种。按其食性可分为植食性、粪食性、腐食性三类。主要有大黑鳃金龟（*Holotrichia oblita* Faldermann）、暗黑鳃金龟（*H. parallela* Motschulsky）、铜绿丽金龟（*Anomala corpulenta* Motschulsky）等，是一类世界性的地下害虫，危害很大。分布很广，从黑龙江起至长江以南地区以及内蒙古、陕西、河北、山东、河南和东北等地均有，危害多种植物和蔬菜。

二、形态特征

蛴螬体多为白色，少数为黄白色；体壁较柔软多皱，体表疏生细毛。头大而圆，多为黄褐色，生有左右对称的刚毛，刚毛数量的多少常为分种的特征。如华北大黑鳃金龟的幼虫为 3 对，黄褐丽金龟幼虫为 5 对。蛴螬具胸足 3 对，一般后足较长。腹部 10 节，第 10 节称为臀节，臀节上生有刺毛，其数目的多少和排列方式也是分种的重要特征。

以大黑鳃金龟子为例。

成虫：体长 16～22 毫米，宽 8～11 毫米，身体黑褐色至黑色，有光泽，触角 10 节，鳃片部 3 节呈黄褐或赤褐色。鞘翅长椭圆形，每侧有 4 条明显的纵肋。前足胫节外侧有 3 个齿，内方距 2 根，中、后足胫节末端距 2 根。

幼虫：老熟幼虫体长 35～45 毫米，体乳白色、多皱纹，静止时弯成“C”型。头部黄褐色或橙黄色，上颚显著，腹部肿胀。

卵：长椭圆形，长约 2.5 毫米，宽 1.5 毫米，初产时白色略带黄绿色光泽，孵化前近圆形，能清楚地看到 1 对略呈三角形的棕色上颚；老熟幼虫体长 35～45 毫米，头宽 4.9～5.3 毫米，头部前顶刚毛每侧 3 根，其中冠缝每侧 2 根，额缝上方近中部各 1 根。

蛹：体长 21～23 毫米，宽 11～12 毫米，为裸蛹，头小、体稍弯曲，由黄白色渐变为橙黄色至红褐色。

三、为害症状

蛴螬喜食刚播种的种子、根、块茎以及幼苗，地下啃食萌发的种子、咬断幼苗根茎，致使全株死亡，轻则造成缺苗断垄，严重时毁种绝收。当植株枯黄而死时，它又转移到别的植株继续为害。此外，因蛴螬造成的伤口还可引起病菌侵染，诱发病害。

四、发生规律

蛴螬一到两年 1 代，在北方多为两年 1 代，以幼虫和成虫在

55～150厘米无冻土层中越冬。蛴螬有假死、负趋光性和喜湿性，并对未腐熟的粪肥有较强的趋性。成虫即金龟子，白天藏在土中，晚上8～9时为成虫取食、交配盛期，交配后10～15天产卵，产在松软湿润的土壤内，以水浇地最多，每头雌虫可产卵100粒左右；夏季高温时下移筑土室化蛹，羽化的成虫大多在原地越冬。蛴螬年生代数因种、因地而异。生活史较长，一般一年一代，或2～3年1代，长者5～6年1代。如大黑鳃金龟两年一代，暗黑鳃金龟、铜绿丽金龟一年一代，小云斑鳃金龟在青海4年1代，大栗鳃金龟在四川甘孜地区则需5～6年1代。蛴螬共3龄，1、2龄期较短，第3龄期最长，危害最重。全部在土壤中度过，一年四季随土壤温度变化而上下潜移，当10厘米土温达5℃时开始上升土表，13～18℃时活动最盛，23℃以上则往深土中移动，至秋季土温下降到其活动适宜范围时，再移向土壤上层。土壤潮湿活动加强，尤其连续阴雨天气。春、秋季在表土层活动，夏季时多在清晨和夜间到表土层。

五、防治措施

蛴螬种类多，在同一地区同一地块，常为几种蛴螬混合发生，世代重叠，发生和为害时期很不一致，因此只有在普遍掌握虫情的基础上，根据蛴螬和成虫种类、密度、作物播种方式等，因地因时采取相应的综合防治措施，才能收到良好的防治效果。

1. 农业防治：实行水、旱合理轮作；不施未腐熟的有机肥料，施用碳酸氢铵、腐殖酸铵、氨水、氨化磷酸钙等化肥，所散发的氨气对蛴螬等地下害虫具有驱避作用；精耕细作，及时镇压土壤，清除田间杂草；大面积春、秋耕，并跟犁拾虫等。发生严重的地区，秋冬翻地可把越冬幼虫翻到地表使其风干、冻死或被天敌捕食、机械杀伤，防效明显；同时，应防止使用未腐熟有机肥料，以防止招引成虫来产卵。

2. 物理方法和生物防治：有条件地区，可设置黑光灯诱杀成虫，减少蛴螬的发生数量。利用茶色食虫虻、金龟子黑土蜂、白僵菌等。

3. 药剂处理土壤：用50%辛硫磷乳油每亩200～250克，加水10倍喷于25～30千克细土上拌匀制成毒土，顺垄条施，随即浅锄，或将该毒土撒于种沟或地面，随即耕翻或混入厩肥中施用；用2%甲基异柳磷粉每亩2～3千克拌细土25～30千克制成毒土，用3%甲基异柳磷颗粒剂、3%呋喃丹颗粒剂、5%辛硫磷颗粒剂或5%地亚农颗粒剂，每亩2.5～3千克处理土壤。

4. 药剂防治：①拌种。用50%辛硫磷乳油与水和种子按一定比例拌种；用25%辛硫磷胶囊剂或25%对硫磷胶囊剂等有机磷药剂或用种子重量2%的35%克百威种衣剂包衣，还可兼治其他地下害虫。②毒饵诱杀。每亩地用25%对硫磷或辛硫磷胶囊剂150～200克拌谷子等饵料5千克，或50%对硫磷、50%辛硫磷乳油50～100克拌饵料3～4千克，撒于种沟中，亦可收到良好防治效果。③在蛴螬发生较重的地块，用80%敌百虫可溶性粉剂和25%西维因可湿性粉剂各800倍液灌根，可杀死根际附近的幼虫。

第三节　蝼　蛄

一、概述

蝼蛄，俗称“拉拉蛄”、“土猴”，又叫“土狗子”、“蝲蛄”、“蝲蝲蛄”、“鼫鼠”等，属直翅目，蟋蟀总科、蝼蛄科，本科昆虫通称蝼蛄。全世界已知约50种，我国记载有6种，其中分布广泛、危害严重的主要是华北蝼蛄（*Gryllotalpa unispina* Saussure）和东方蝼蛄（*G. orientalis* Burmesiter），华北蝼蛄主要分布在中国北方各地；东方蝼蛄在国内各地均有分布，南方为害较重。此外普通蝼蛄（*G. gryllotalpa* Linne）在新疆局部地区分布较多；台湾蝼蛄（*G. formosana* Shiraki）在台湾、广东、广西沿海地区分布较多，危害较重。蝼蛄食性复杂，可危害谷物、各种蔬菜及树苗，是重要的地下害虫。

二、形态特征

大型、土栖昆虫。以华北蝼蛄为例，体狭长，头小，圆锥形。触角短于体长，复眼小而突出，单眼2个。前胸背板椭圆形，背面隆起如盾，两侧向下伸展，几乎把前足基节包起。前足特化为粗短结构，开掘式，基节特短宽，腿节略弯，片状，胫节很短，三角形，具强端刺，便于开掘。内侧有1裂缝为听器。体圆柱形，头尖，体被绒状细毛。有翅，夜间可出洞，前翅短，雄虫能鸣，发音镜不完善，仅以对角线脉和斜脉为界，形成长三角形室；端网区小，雌虫产卵器退化。成虫体长39～50毫米，不同种类大小有别，黄褐至暗褐色，前胸背板中央有1心脏形红色斑点。后足胫节背侧内缘有棘1～4个或4个以上，或消失（因种类不同）。腹部近圆筒形，背面黑褐色，腹面黄褐色。卵椭圆形，初产时长1.6～1.8毫米，宽1. 1～1.4毫米，孵化前长2.4～3毫米，宽1.5～1.7毫米。初产时黄白色，后变黄褐色，孵化前呈深灰色。若虫共13龄，头胸细，腹部大，复眼淡红色；形似成虫，体较小，初孵时体乳白色，二龄以后变为黄褐色，五六龄后基本与成虫同色。

三、为害症状

温室中温度高，蝼蛄活动早。小苗往往比较集中，为害严重。在土中咬食萌动的种子，或咬断幼苗的根、茎部，使幼苗枯死，蝼蛄咬断处往往呈丝麻状，这是与蛴螬为害的最大差别。蝼蛄潜行土中，活动时，常可在地面见到穿成的隧道，使作物幼根与土壤分离，因失水而枯死，缺苗断垄，严重的甚至毁种。

四、发生规律

蝼蛄为不完全变态，生活史较长，1～3年才能完成1代，华北蝼蛄各地均是3年左右完成1代。以成虫和若虫在60～20厘米深的土层筑洞越冬，每洞1虫，头向下，越冬深度与冻土层深度和地下水位密切有关。来年3～4月当10厘米深土温达8℃左右时若虫开始上升为害，地面可见长约10厘米的虚土隧道，4、5月份地面隧道大增即为害盛期；6月上旬当隧道上出现虫眼时已开始出窝迁移和交尾产卵，6月下旬至7月中旬为产卵盛期，8月为产卵末期。多产在轻盐碱地区向阳、高、干燥、靠近地埂畦堰处所。卵数十粒或更多，成堆产于15～30厘米深处的卵室内。每虫一生共产卵80～809粒，平均417粒。卵期10～26天化为若虫，在10～11月以8～9龄若虫期越冬，第二年以12～13龄若虫越冬，第三年以成虫越冬，第四年6月产卵。据观察，各龄若虫历期为1至2龄1～3天，3龄5～10天，4龄8～14天，5至6龄10～15天，7龄15～20天，8龄20～30天，9龄以后除越冬若虫外每龄约需20～30天，羽化前的最后一龄需50～70天。初孵若虫最初较集中，后分散活动，至秋季达8～9龄时即入土越冬；第二年春季，越冬若虫上升为害，到秋季达12～13龄时，又入土越冬；第三年春再上升为害，8月上、中旬开始羽化，入秋即以成虫越冬。

蝼蛄一般昼伏夜出，气温适宜时，白天也可活动。具强趋光性和趋化性。夏秋两季，当气温在18～22℃之间，风速小于1.5米/秒时，夜晚可用灯光诱到大量蝼蛄。蝼蛄能倒退疾走，在穴内尤其如此。成虫和若虫均善游泳，母虫有护卵哺幼习性。若虫至4龄期方可独立活动。蝼蛄的发生与环境有密切关系，常栖息于平原、轻盐碱地以及沿河、临海、近湖等低湿地带，特别是沙壤土和多腐殖质的地区。土壤中大量施用未腐熟的厩肥、堆肥，易导致蝼蛄发生，受害较重。当深10～20厘米处土温在16～20℃、含水量22%～27%时，有利于蝼蛄活动；含水量小于15%时，其活动减弱；所以春、秋有两个为害高峰，在雨后和灌溉后常使为害加重。土壤相对湿度为22%～27%时，蝼蛄为害最重；土壤干旱时活动少，为害轻。

五、防治措施

1. 农业防治：深翻土壤、精耕细作造成不利蝼蛄生存的环境，减轻危害；夏收后，及时翻地，破坏蝼蛄的产卵场所；施用腐熟的有机肥料，不施用未腐熟的肥料；在蝼蛄为害期，追施碳酸氢铵等化肥，散出的氨气对蝼蛄有一定驱避作用；秋收后，进行大水灌地，使向深层迁移的蝼蛄被迫向上迁移，在结冻前深翻，把翻上地表的害虫冻死；实行合理轮作，改良盐碱地，有条件的地区实行水旱轮作，可消灭大量蝼蛄、减轻危害。

2. 灯光诱杀：蝼蛄发生为害期，在田边或村庄利用黑光灯、白炽灯诱杀成虫，以减少田间虫口密度。

3. 人工捕杀：结合田间操作，对新拱起的蝼蛄隧道，采用人工挖洞捕杀虫、卵。

4. 药剂防治：①种子处理。播种前，用 50% 辛硫磷乳油，按种子重量 0.1%～0.2% 拌种，堆闷 12～24 小时后播种。②毒饵诱杀。用 50% 辛硫磷乳油 0.5 千克拌入 50 千克煮至半熟或炒香的饵料（麦麸、米糠等）中做毒饵，傍晚均匀撒于苗床上或已出苗的菜地，或随播种、移栽定植撒于播种沟或定植穴内。制成的毒饵限当日撒施。③土壤处理。当菜田蝼蛄发生为害严重时，在受害植株根际或苗床浇灌 50% 辛硫磷乳油 1000 倍液。或每亩用 3% 辛硫磷颗粒剂 1.5～2 千克，对细土 15～30 千克混匀撒于地表，在耕耙或栽植前沟施毒土。

第四节 金针虫

一、概述

金针虫俗称“节节虫”、“铁丝虫”、“铜丝虫”、“铁条虫”、“土蚰蜒”、“芨芨虫”、“蛘虫”等，是叩头虫的幼虫，是鞘翅目、叩甲科幼虫的通称。我国记载有 600～700 余种，主要种类有沟金针虫 (*Pleonomus canaliculatus*)、细胸金针虫 (*Agriotes fusicollis*)、褐纹金针虫 (*Melanotus caudex*)、宽背金针虫 (*Selatosomus latus*)、兴安金

针虫 (*Harminius dahuricus*)、暗褐金针虫 (*Selatosomus* sp.) 等。沟金针虫主要分布区域北起辽宁，南至长江沿岸，西到陕西、青海，旱作区的粉沙壤土和粉沙黏壤土地带发生较重；细胸金针虫从东北北部，到淮河流域，北至内蒙古以及西北等地均有发生，但以水浇地、潮湿低洼地和黏土地带发生较重；褐纹金针虫主要分布于华北；宽背金针虫分布于黑龙江、内蒙古、宁夏、新疆；兴安金针虫主要分布于黑龙江；暗褐金针虫分布于四川西部地区。可为害小麦、大麦、玉米、高粱、粟、花生、甘薯、马铃薯、豆类、棉麻类、甜菜和果树等。

二、形态特征

成虫：一般颜色较暗，黑或黑褐色，体形细长或扁平，具有 1 对梳状或锯齿状触角。胸部着生 3 对细长的足，前胸腹板具 1 个突起，可纳入中胸腹板的沟穴中。头部能上下活动似叩头状，故俗称“叩头虫”。胸部下侧有一个爪，受压时可伸入胸腔。当叩头虫仰卧，若突然敲击爪，叩头虫即会弹起，向后跳跃。

幼虫：体细长，13～20 毫米，圆筒形，体表坚硬，蜡黄色或褐色，并有光泽，故名“金针虫”。身体生有同色细毛，3 对胸足大小相同，末端有两对附肢。根据种类不同，幼虫期 1～3 年。

蛹：在土中的土室内，纺锤形，末端瘦削，有刺状突起，蛹期大约 3 周。

卵：椭圆形，乳白色。成虫体长 8～9 毫米或 14～18 毫米，依种类而异。

三、为害症状

危害植物根部、茎基取食有机质，幼虫在土中取食播种下的种子、萌出的幼芽、瓜秧的根部，可咬断刚出土的幼苗，被害处不完全咬断，断口不整齐，致使瓜秧枯萎致死，造成缺苗断垄，甚至全田毁种。

四、发生规律

金针虫的生活史很长，因不同种类而不同，常需3～5年才能完成一代，各代以幼虫或成虫在地下越冬，一般越冬深度为15～40厘米，最深可达100厘米左右。沟金针虫约需3年完成一代，在华北地区，在8～9月间，老熟幼虫钻入15～20厘米土中做土室化蛹，蛹期12～20天，9月羽化为成虫，成虫当年不出土，即在土中越冬，越冬成虫于3月上旬开始活动，4月上旬为活动盛期。成虫白天潜伏于表土内，夜间出土交配产卵。雌性成虫不能飞翔，行动迟缓有假死性，没有趋光性。成虫寿命约220天。每雌平均产卵200余粒，最多可达400多粒，卵散产于土中3～7厘米深处，卵孵化后，幼虫直接为害作物。雄虫飞翔能力较强，有趋光性。由于沟金针虫雌成虫活动能力弱，一般多在原地交尾产卵，故扩散为害受到限制。幼虫耐低温，早春上升为害早，秋季下降迟，喜钻蛀和转株为害。土壤温湿度对其影响较大，幼虫耐低温而不耐高温，地温超过17℃时，幼虫则向深层移动。 土壤温湿度对沟金针虫影响较大，一般而言，10厘米处土温达6℃时，幼虫和成虫就开始活动；夏季温度升高时，则幼虫又可向土壤深处转移。沟金针虫适应旱地，但对土壤水分有一定的要求，其适宜的土壤湿度为15%～18%；在干旱平原，如春季雨水较多，土壤墒情较好，为害加重。

五、防治措施

1. 适时早浇；种植前要深耕多耙，及时中耕除草，收获后及时深翻；夏季翻耕暴晒。与水稻轮作，或者在金针虫活动盛期常灌水，创造不利于金针虫活动的环境，减轻受害程度。

2. 定植前土壤处理：可用48%地蛆灵乳油200毫升/亩，拌细土10千克撒在种植沟内，也可将农药与农家肥拌匀施入。

3. 生长期发生沟金针虫，可在苗间挖小穴，将颗粒剂或毒土点入穴中立即覆盖，土壤干时也可将48%地蛆灵乳油2000倍，开沟或挖穴点浇。

4. 药剂拌种：用50%辛硫磷乳油、48%地蛆灵拌种，比例为药剂：水：种子=1：30～40：400～500。

5. 施用毒土：用48%地蛆灵乳油每亩200～250克，50%辛硫磷乳油每亩200～250克，加水10倍，喷于25～30千克细土上拌匀成毒土，顺垄条施，随即浅锄；用5%辛硫磷颗粒剂每亩2.5～3千克处理土壤。

第五节　种　蝇

一、概述

种蝇（*Delia platura* Meigen），别名“地蛆”（指幼虫），又叫“灰地种蝇”、“菜蛆”、“根蛆”等，属双翅目，花蝇科，为多食性害虫。是一种世界性害虫，中国各地均有分布。可危害瓜类、豆类、菠菜、葱、蒜及十字花科蔬菜。

二、形态特征

雌成虫：体长4～6毫米，灰色至黄色，两复眼间距为头宽1/3；前翅基背鬃同雄蝇，后足胫节无雄蝇的特征，中足胫节外上方具刚毛1根；腹背中央纵纹不明显。

雄成虫：体略小，头部银灰色，体色暗黄或暗褐色，触角黑色，两复眼几乎相连，胸部背面具3条黑色纵纹，前翅基背鬃长度不及盾间沟后的背中鬃之半，后足胚节内下方具1列稠密、末端弯曲的短毛；腹部背面中央具黑纵纹1条，各腹节间有1黑色横纹。

卵：长约1毫米，长椭圆形，稍弯，透明而带白色，表面有网状纹。

幼虫：蛆形，头极小，有一黑色口沟，体长7～8毫米，乳白而稍带浅黄色；尾节具肉质突起7对，1～2对等高，5～6对等长。

蛹：长4～5毫米，红褐或黄褐色，椭圆形，围蛹，腹末7对突起可辨。

三、为害症状

幼虫在土里蛀食萌动的种子或幼苗的地下组织，引起种子、幼芽、鳞茎和根茎畸形、腐烂发臭，出现成片死苗和植株枯黄死亡，毁种。常由地下部钻入已出土的幼苗，并向上蛀食，为害轻时，被害表皮完好，仅留蛀孔；为害重时植株整株死亡，严重时造成毁种。此外，被害株的伤口易被真菌、细菌侵染，引起根茎腐烂。

四、发生规律

种蝇一年发生 2～6 代，北方以蛹在土中越冬，南方长江流域冬季可见各虫态。次春气温稳定在 5℃以上时成虫出现，以春季第 1 代为害最严重。成虫营腐食性生活，有在湿土上及未腐熟的有机物上产卵的习性，多在干燥的晴天活动，晚上不活动，阴湿或多风天常躲在土缝或其他隐蔽场所。幼虫有强烈的背光性，幼虫多在表土下或幼茎内活动，老熟后即在土内化蛹。幼虫发育的适宜温度为 15～25℃，35℃时卵不能孵化，幼虫和蛹全部死亡。种蝇在 25℃以上，完成1代 19 天，春季均温 17℃需时 42 天，秋季均温 12～13℃则需 51.6 天，产卵前期初夏 30～40 天，晚秋 40～60 天，35℃以上 70% 卵不能孵化，幼虫、蛹死亡，故夏季种蝇少见。田间施用未腐熟的肥料，会将蝇卵或幼虫随肥料施入田间，再加上土壤潮湿等有利于种蝇发生的条件，极易发生种蝇为害。

五、防治措施

1. 播种期使用种衣剂进行包衣；施用腐熟的粪肥和饼肥，要均匀，深施（最好作底肥），种子和肥料要隔开，可在粪肥上覆一层毒土或拌少量药剂；严重的地块，应尽可能改用化肥。

2. 尽早春耕，适时秋耕。提倡营养钵草炭基质育苗，浸种催芽，浇足底水后播种。发现蛆害后要勤浇水，必要时可大水漫灌。

灌水要与作物生长的需要统一考虑。

3. 诱杀成虫：将糖、醋、水按 1∶1∶2.5 的比例配制诱集液，并加少量锯末和敌百虫拌匀，放入直径 20 厘米左右的诱蝇器内，每天下午 3～4 时打开盆盖，次日早晨取虫后将盆盖好，5～6 天换液一次。

4. 药剂处理土壤或种子：用 50% 辛硫磷乳油每亩 200～250 克，加水 10 倍，喷于 25～30 千克细土上拌匀成毒土，顺垄条施，随后浅锄或以同样用量的毒土撒于种沟或地面，随即耕翻，或混入厩肥中施用，或结合灌水施入。还可用 2% 甲基异柳磷粉每亩 2～3 千克拌细土 25～30 千克制成毒土，或用 3% 甲基异柳磷颗粒剂、5% 辛硫磷颗粒剂、5% 地亚农颗粒剂，每亩 2.5～3 千克处理土壤，都能收到良好效果，并兼治金针虫和蝼蛄。当前用于拌种用的药剂主要有 50% 辛硫磷、20% 异柳磷、25% 辛硫磷胶囊剂等有机磷药剂或用杀虫种衣剂拌种，亦能兼治金针虫和蝼蛄等地下害虫。

5. 药剂防治：①毒谷。每亩用 25%～50% 辛硫磷胶囊剂 150～200 克拌谷子等饵料 5 千克左右或 50% 辛硫磷乳油 50～100 克拌饵料 3～4 千克，撒于种沟中，兼治蝼蛄、金针虫等地下害虫。②喷雾。成虫发生初期开始喷药，用 2.5% 溴氰菊酯乳油 2000 倍液，5% 高效氯氰菊酯乳油 1500 倍液，5% 来福灵乳油 2000 倍液，90% 敌百虫晶体 1000 倍液等喷雾，7～8 天喷 1 次，连续喷 2～3 次，药要喷到根部及四周表土。还可用 2.5% 敌百虫粉剂，每亩 1.5～2 千克喷粉。③灌根。用 50% 辛硫磷 1200 倍液，90% 敌百虫晶体或 80% 敌百虫可溶性粉剂 1000 倍液，40% 乐果乳油 1500～2000 倍液。隔 7～10 天再灌 1 次，药液以渗到地下 5 厘米为宜。